# VERSTÄNDLICHE WISSENSCHAFT

SECHSUNDSECHZIGSTER BAND

BERLIN · GÖTTINGEN · HEIDELBERG

SPRINGER-VERLAG

# VOM GROSSEN EISZEITALTER

VON

Dr. EDITH EBERS

1.–6. TAUSEND

MIT 77 ABBILDUNGEN

BERLIN · GÖTTINGEN · HEIDELBERG

SPRINGER-VERLAG

Herausgeber der Naturwissenschaftlichen Abteilung:
Prof. Dr. Karl v. Frisch, München

ISBN-13: 978-3-642-94718-6    e-ISBN-13: 978-3-642-94717-9
DOI: 10.1007/978-3-642-94717-9



Druck von J. P. Peter, Gebr. Holstein, Rothenburg o. T.

# Inhaltsverzeichnis

# 1. Gegenwart und Eiszeitalter

Das Wort „*Eiszeitalter*" hat einen unfreundlichen und kalten
Klang. Unerfreuliche Vorstellungen verknüpfen sich damit: Vorstellungen von grimmiger Kälte, von ewigem Eis und Schnee,
von Unwohnlichkeit und Unbewohnbarkeit unserer Erde.

Solche Vorstellungen sind nicht unberechtigt! An Stelle der
polaren Eiskappen und der Gletscher in den Gebirgen unseres
Planeten, die heute insgesamt etwa $1/_{10}$ der Erdoberfläche bedecken,
war während des großen Eiszeitalters $1/_4$ bis $1/_3$ der gesamten Erde
vom Eise verhüllt. Die Durchschnittstemperatur lag in den gemäßigten Zonen um 8—10⁰C (oder mehr) niedriger als heute. Die
Baumgrenze in den Gebirgen war um viele Hunderte von Metern
herabgedrückt und die klimatische Schneegrenze, jene Linie also,
oberhalb derer der Schnee das ganze Jahr über nicht mehr schmilzt,
lag in den Alpen auf 1200 m. Die mittlere Sommertemperatur
überschritt eben noch den Gefrierpunkt. Die Tier- und Pflanzenwelt mußte untergehen oder in wärmere Erdgegenden abwandern
und dort bis zum Abschmelzen der großen Gletscher überdauern.

Wir erschauern also mit Recht in unseren auch im Winter wohl
durchwärmten Räumen, wenn die Vorstellung von einem Großen
Eiszeitalter uns heimsucht. Und vielleicht denken wir dann auch
einmal mit ebensoviel Interesse wie mit Bewunderung an unseren
ältesten Vorfahren, den Eiszeitmenschen der Älteren Steinzeit zurück. Aus tiernahen Uranfängen her, deren Dunkel sich noch nicht
völlig gelichtet hat, hat er in Jahrhunderttausende umfassender
Entwicklung die primitiven Grundlagen zu alledem gelegt, was
wir heute körperlich und geistig sind. Die physische Entstehung
des Menschen, seine ersten Entwicklungsstufen und auch die Ur-
anfänge aller Kultur und Zivilisation reichen bis in den Beginn des
Großen Eiszeitalters zurück. Der Eiszeitmensch hat die ersten roh
behauenen Werkzeuge aus Stein geschaffen, er hat das Feuer entdeckt und Tiere gejagt zum Lebensunterhalt. Und auch die aller-
ersten Anzeichen religiösen Fühlens und kultureller Gebräuche,

ja die Geburt der Bildenden Kunst, die in Malerei und Plastik hohe Grade erreichte, gehören der Zeit des Großen Eiszeitalters an.

So viel es auch schon ist: es ist doch nicht alles, wenn uns der Mensch des Großen Eiszeitalters das Wurzelgeflecht unseres Seins und Wirkens anlegte. Auch die natürliche Umwelt, in der wir leben, ist vielerorts durch das Eiszeitalter geprägt. Ganz besonders ist dies der Fall in jenen Teilen der Erdoberfläche, die für Jahrzehntausende und Jahrhunderttausende einst unter einem Eispanzer gelegen haben. Die gewaltigen Massen an Gebirgs- und Gesteinsschutt, welche die Gletscher verschleppten, liegen heute noch als Lockergestein über weiten Flächen Nordeuropas und Nordamerikas. Für die Landwirtschaft ist solch aufgearbeitetes Gestein von größter Bedeutung in der Form des Bodens. Dieser Schutt deckt auch die Vorländer der großen Faltengebirge. Er bildet die Hügelkränze und Girlanden, die so viele Landschaften zieren, ihm verdanken die Tausende und Abertausende von Seen auf der Erde, deren Becken von den Gletschern ausgehöhlt wurden oder deren Spiegel glaziale Schuttmassen, d. h. Massen von Gletscherschutt, aufstauen, ihr Dasein. Zahllose der großen Moore gehen auf die Hohlformen und Tonböden der letzten Vereisung zurück. Das ganze Flußnetz wurde durch sie umgestaltet, denn der Gletscherschutt verstopfte die alten Täler und zwang die Flüsse zu Laufänderungen. So manche herrliche Talschlucht, so manch lieblich sich windendes Flußtal verdankt der letzten Vergletscherung das Dasein. Und in den ehemals vereist gewesenen Gebirgen wie den Alpen, Pyrenäen, Kaukasus, Himalaya, den Rocky Mountains und der Sierra Nevada sind es Kare, Hochgebirgsseen und steilwandige Trogtäler, die als Zeugen der letzten Vereisung zurückblieben und die Erholungslandschaften von heute schmücken.

Und all dies und tausend andere ähnliche Dinge auf dem Lande und sogar am Meeresstrand wie die Fjorde Norwegens und Irlands, die Föhrden des meerumschlungenen Schleswig-Holstein, die Strandterrassen Finnlands und die Küstenhöhlen Italiens, sie alle erinnern an das Eiszeitalter.

Auch unsere Tier- und Pflanzengesellschaften, der Bestand an Arten und ihre geographische Verbreitung sind ein Erbe und eine Folge jenes Großen Eiszeitalters. Schon die Tertiärperiode, die als „Braunkohlenzeit" dem Eiszeitalter voranging, hatte mit dem milden Klima ihrer 60 Jahrmillionen die höheren Tier- und Pflanzenarten, vor allem Säugetiere und bedecktsamige Blütenpflanzen, zu üppiger Entfaltung gebracht. Doch zuletzt war es das Große Eiszeitalter, das mit rauhem Griff in all den wohlig-warmen Lebensstoff hineinfaßte, eine Auswahl traf und ihn teilweise vernichtete. Es ließ nur übrig, was in letzter Stunde noch eine Zuflucht gefunden oder sich durch viele Generationen lang währende Anpassung so gekräftigt hatte, daß es den härtesten Lebensbedingungen widerstehen konnte. Die vereisten Räume selbst waren bis auf ausgesprochen arktische Formen der Tier- und Pflanzenwelt in den Randgebieten wohl lebensleer. Aber auch in den randlichen Teilen der großen Inlandeis-Wüsten und Eisstromnetze der Gebirge wurden weithin die Lebenskräfte gehemmt und die Individuen und Arten bedroht durch die Härte des Klimas. Wir verdanken solcher Auslese sehr merkwürdige und zugleich großartige Unterschiede bei einem Vergleich der Erdteile. Während die Wälder des heute gemäßigten Europa an Baumarten verarmten, deren tertiäre Vertreter wir heute nur mehr in Braunkohlenlagern sowie als Versteinerungen oder Abdrücke auf den Gesteinsplatten kennen, erhielt sich Nordamerika eine Fülle herrlichster, aus der Tertiärzeit überkommener Baumgestalten. Dieser Artenreichtum verleiht heute seinen Wäldern Vielgestaltigkeit und eine herbstliche Farbenpracht ohnegleichen. In Nordamerika verliefen die großen Gebirgsketten in der Nord-Süd-Richtung und stellten den nach Süden ausweichenden Baumarten kein Hindernis entgegen. Das erleichterte auch das Wiedervordringen nach dem Eisschwunde. In Europa aber wirkten die Alpen, die selbst unter einem Eispanzer lagen, als lebensfeindliche Mauer, und nur an ihrem Südrande konnte überhaupt Wald das gewaltigste Geschehen der letzten Million Jahre, die wiederkehrenden Vereisungen des Eiszeitalters, überdauern.

Es sind also Gegenwart und Eiszeitalter sehr stark aufeinander bezogen. Wenn das vorliegende Büchlein diese Beziehung etwas klarlegen und einige Auskunft über das Große Eiszeitalter geben kann, so ist sein Zweck erfüllt. Es wird dabei manche Frage zu beantworten haben nach dem Wie, dem Was, dem Weshalb, dem Wann des Eiszeitalters. Und manche erfinderische Frage wird es nicht beantworten können. Wenn auch die Wissenschaft vom

Großen Eiszeitalter heute schon so sehr angewachsen ist, daß man zahllose dicke Bände damit zu füllen vermag, so sind trotzdem doch noch auch ganz wesentliche Lücken der Erkenntnis auf diesem Gebiet vorhanden. Es wird mehr darauf ankommen, einerseits das für unser heutiges Wissen vom Eiszeitalter Wesentliche hervorzuheben und andererseits an besonderen Ausschnitten das Einzelne lebendig zu beleuchten. Vielleicht wird es dann auch dem Nicht-Fachmann Freude machen, den Boden, auf dem wir stehen — im wörtlichen und im übertragenen Sinne — mit seinen Blicken zu durchdringen und sich selbst mit einbezogen zu fühlen in das letzte, gewaltige Kapitel der Geschichte unserer Erde. Und auch derjenigen der Menschheit. Erd- und Menschheits-Geschichte gehen in diesem Kapitel ineinander über; und zugleich wird es auch zum ersten Kapitel, an dem der Mensch selbst schon mitgeschrieben hat.

## 2. Eis, Gletscherwirkungen, Gletscherablagerungen

Wenn es möglich ist, von einem „Großen Eiszeitalter" zu sprechen, so geht schon daraus hervor, daß es sich dabei um ein Zeitalter gehandelt hat, in welchem „*Eis*" die wichtigste Rolle spielte. Das kann nur in Form von Vereisungen ausgedehnter Landgebiete der Fall gewesen sein, wie sie weder in den unmittelbar vorausgehenden, noch in den nachfolgenden Zeitabschnitten der Erdgeschichte eingetreten sind. Der vorausgehende Zeitabschnitt war die Tertiär- oder Braunkohlenzeit, die ein viel wärmeres Klima als heute gehabt haben muß. Aber auch der auf das Große Eiszeitalter folgende Abschnitt — und das ist unsere Jetztzeit — ist nicht mehr durch Vereisungen am deutlichsten charakterisiert, wenn auch heute noch gewaltige Eismassen an den Polen, bes. auf dem südpolaren Kontinent als antarktisches Inlandeis zurückgeblieben sind. Grönland ist ebenfalls noch heute von Inlandeis bedeckt und Spitzbergen hat Inlandeis und Gletscherströme. Mächtige Vorlandvergletscherungen besitzt Alaska und gewaltige Gletscherzentren das vulkanische Island in seinen Jökulln. Und überall da, wo sie in bedeutende Höhen hinaufreichen, zeigen auch die heutigen Gebirge noch Talgletscher und Plateauvergletscherungen in verschiedenartiger Entwicklung und von verschiedenem Aussehen. Während des Großen Eiszeitalters waren alle diese Erscheinungen aufs höchste gesteigert; es liegt weit vor unserer geschichtlichen und auch noch frühgeschichtlichen Zeit. Da aber erst rund 10000—20000 Jahre seit dem Abschmelzen der Großgletscher vergangen sind, liegt es trotzdem — nämlich erdgeschichtlich gesehen — noch nicht einmal

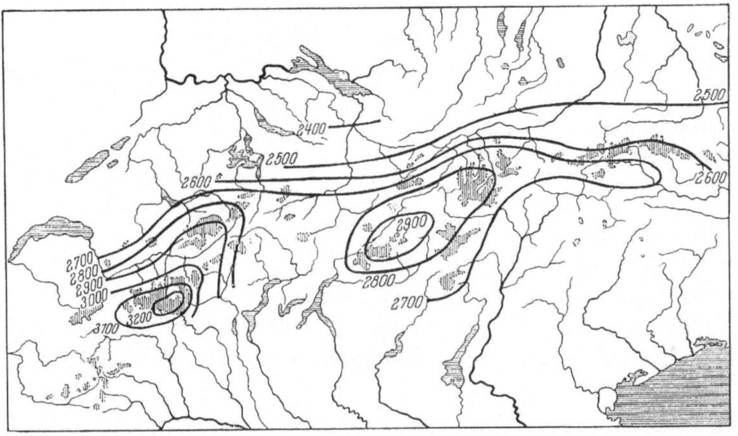

Abb. 1. Heutige Gletschergebiete (senkrecht gestrichelt) und Lage der Schneegrenze in den Alpen. 1 : 5 000 000. Nach HESS

so lange zurück. Wir wissen nicht, ob die Gletscher noch einmal wiederkehren werden.

*Gletschereis ist umkristallisierter Firn*, der seinerseits wieder aus ursprünglich flockigem Schnee hervorging; durch Umkristallisation wurde dieser körnig. Je höher sich der Schnee in den Firnbecken anhäuft, desto stärkeren Druck übt er auf die unterlagernden Schichten aus und fördert damit die Bildung von Gletschereis. Die Umwandlung von Schnee in Firn findet schon innerhalb eines Jahres statt. Die Umwandlung von Firn in Eis dauert aber sehr viel länger. Hierbei wird vor allem die zwischen den Firnkörnern befindliche Luft herausgepreßt. Es sind also Druckkräfte, die zur Umwandlung in Gletschereis führen und auch dessen Abwärtsbewegung einleiten. Der Mechanismus der Gletscherbewegung hielt jahrzehntelang die Gelehrten in Atem und ist bis heute noch nicht völlig geklärt. Man kann im Gletschereis ebenso einen starren wie einen plastischen Körper sehen. Dabei handelt es sich aber nicht um eine echte Plastizität. Das Gletschereis besteht aus Körnern, die Kristalle von ansehnlicher Größe enthalten können. Das sieht man beispielsweise in einem künstlichen Gang unter dem Morteratsch-Gletscher in der Schweiz.

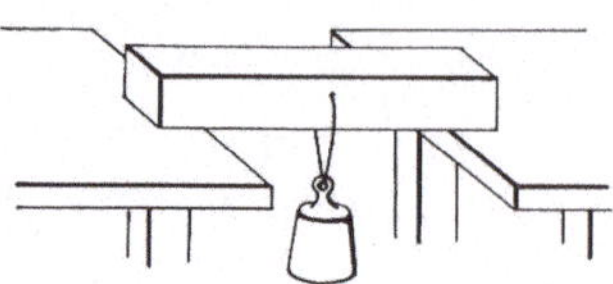

Abb. 2. Versuch nach W. B. WRIGHT zum Beweis der Regelation

Ein einfaches Experiment macht einen Vorgang klar, der bei der Bewegung des Gletschereises eine wichtige Rolle spielt. Es ist die sog. *Regelation*, das „Wiedergefrieren". Schlingt man um einen zwischen 2 Stützen freischwebenden Eisblock einen Draht und befestigt ein Gewicht daran, so wird der Draht sich langsam durch den Barren hindurchschneiden. Er wird ihn aber nicht dauernd zerteilen, ja nicht einmal eine Spur hinterlassen. Der von dem Gewicht auf die Eiskristalle ausgeübte Druck bringt diese außen zum Schmelzen; sie überziehen sich mit einem Wasserfilm und gleiten aneinander vorbei, um dort, wo der Druck nachläßt, also über dem Draht, gleich wieder zusammenzufrieren.

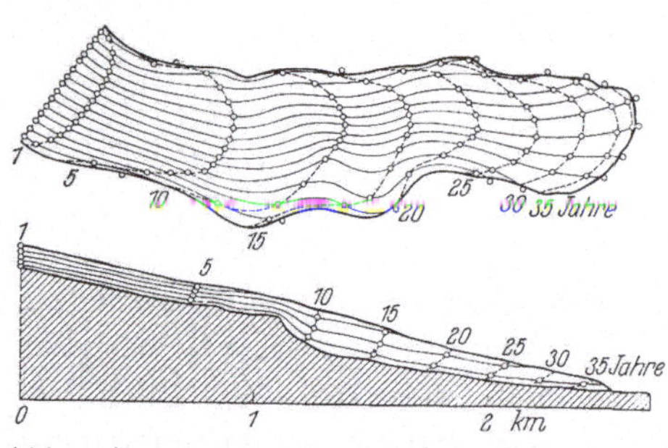


Abb. 3. Bewegung eines Gletschers. Grund- und Aufriß. Nach FINSTERWALDER

Es wird heute angenommen, daß in einem Gletscher der obere Teil sich wie ein starrer Körper verhält, in dem Spannungen entstehen. Auf sie gehen die Gletscherspalten zurück. Diese Zone reicht aber innerhalb des Gletschers nicht tiefer hinunter als 30—60 m. Die darunterliegenden Eismassen sind plastisch und schleppen beim Bergabfließen unter Einwirkung der Schwerkraft die oberen mit fort. In dieser Tiefe ist also erst die eigentliche *Fließzone* zu suchen. Hier veranlaßt der erhöhte Druck das Eis, nach

6

Hindernissen immer wieder zusammenzufließen und alle Öffnungen immer wieder zu schließen. Mit zunehmender Tiefe nimmt die
Bewegungsgeschwindigkeit des Gletschereises zu. Am größten

Abb. 4. Palügletscher/Engadin. Firnbecken, Gletscherzunge, Gletscherbruch,
Seitenmoräne, Schotterbecken mit Gletscherbach

ist sie in der Mitte des Gletschers nahe seiner Basis. An seinem
Grunde und an den Wänden wird sie durch die Reibung gebremst.
Gegen das Ende des Gletschers nimmt mit abnehmender Eisdicke
auch die Fließgeschwindigkeit ab.

Ein weiterer wichtiger Punkt ist der Haushalt oder die *Bilanz des Gletschers*. Sie läßt erkennen, welche Kräfte ihn in Bewegung halten. Entscheidend ist die Frage nach seiner Ernährung aus dem Firnbecken, wo die Schneefälle über die örtliche Abschmelzung und Verdunstung weit überwiegen müssen. Je mehr das der Fall ist, desto mächtiger wird sich der Gletscher entwickeln und desto schneller wird die Eisbewegung sein.

Bestände ein Gleichgewicht zwischen der Schneeanhäufung am oberen Ende des Gletschers im Firnbecken und der Abschmelzung an seinem unteren Ende, so würde er stationär. Es tritt aber sehr selten ein und die Lage des Gletscherendes ändert sich infolge der Klimaempfindlichkeit des Gletscherhaushaltes fortwährend. Gletscher sind außerordentlich feine Klimaanzeiger und sprechen auf jede kleinste klimatische Änderung an. Sie existieren da, wo genügend Schneefall und tiefe Temperaturen, bes. Sommertemperaturen, zusammentreffen. Das ist der Fall in großen Höhen und in hohen Breiten.

Eine Wanderung zu einem *Gebirgsgletscher* soll uns zeigen, welche Erscheinungen das Gletschereis hervorruft. Wenn wir im untersten Talabschnitt eines der vergletscherten Zentralalpentäler hinansteigen, so kommt uns zunächst der *Gletscherbach* mit den Gletscherschmelzwässern, der „Gletschermilch", entgegen. Bevor wir den unteren Rand des im Tale liegenden Gletschers erreichen, treffen wir wahrscheinlich schon auf eine *Schotterterrasse*, d. h. an der Oberfläche ausgeebnete Schottermassen, welche der Gletscherbach aus mitgeführtem Schutt aufgeschüttet hat. Und dann stehen wir am Rande einer die Talebene ausfüllenden, flach herabziehenden oder steil herabhängenden *Gletscherzunge*, deren Eis wir vielleicht noch nicht einmal sehen können, weil sie so sehr mit Gesteinsschutt, Kies und Sand bedeckt ist. Hohe Schuttkämme umziehen sie vorne und an den Seiten. Es sind *Moränenwälle*, die der Gletscher bei seinem Vorschreiten in langjähriger Arbeit aufgehäuft hat. Er sammelt in ihnen all den Gesteinsschutt, der von den Bergflanken auf ihn herunterfiel und packt ihn, völlig wirr und ungeordnet, in Hügel und Wälle zusammen. Wo ihn die Schmelzwässer zu fassen bekommen, sortieren sie ihn, er wird geschichtet und ausgewaschen, die Gerölle werden bestoßen und an den Kanten zugerundet und in Form einer ebenen *Terrasse* wieder abgelagert. Der Gletscher schiebt an seinem Ende aber auch Schutt zusammen in Form von Stauchmoränen. In die *Seiten-* und besonders auch die *Endmoränenwälle* kann dabei allerhand schon auf andere Weise abgelagert Gewesenes mithineingeraten:

Abb. 5. Blockbesäte Endmoräne auf Island. Nach WOLDSTEDT

Abb. 6. Der Innenaufbau einer Endmoräne. E. E.

vom Schmelzwasser geschichtete Schotterpartien und auch der Schutt, der sich am Grunde des Gletschers angesammelt hatte. Das ist die *Grundmoräne.* Was an Gesteinsbruchstücken und Geröll bis zum Untergrund des langsam bergab fließenden Gletschers geraten ist, wird natürlich viel stärker bearbeitet als die lockere, wirr gelagerte, mit Blöcken gespickte *Obermoräne.* Es wird unter dem Gletscher weitergeschoben und dabei gemahlen und geschliffen.

Die Gerölle werden in kantengerundete, glänzend glatt und wie poliert aussehende *Geschiebe* umgewandelt, die in fein zermahlene, tonige Grundmasse eingepreßt sind. Oft zeigen sie sogar noch die *Schrammen*, die sie sich gegenseitig zufügten, als sie an-

Abb. 7. Die „Steile Wand" Geschiebemergelkliff bei Frankfurt a. d. Oder. Geschiebemergel: Grundmoräne. Nach HUECK

einander vorbeigedrückt wurden. Solche „*gekritzten Geschiebe*" sind sehr bezeichnend für Grundmoräne. Auch vom Felsuntergrund reißt der Gletscher allerhand los, schleppt es mit und bäckt es in die harte, dicht gepreßte Grundmoränenmasse mit ein, die man nicht zu unrecht als Geschiebebeton bezeichnet. Das ist allerdings ein Beton, der wegläuft, wenn er naß wird!

Höher hinauf wird dann das Eis des Gletschers sichtbar, weil
die Schuttdecke abnimmt. Der Gletscher überwindet wohl auch
eine Steilstufe, denn das Eis ist hier von Spalten zerrissen und zer-
schrundet. Eins der schönsten Beispiele für einen solchen *Gletscherbruch* ist die sog. „Türkische Zeltstadt" am Groß-Venediger.
Andere strahlenförmig nach auswärts und unten gerichtete Spalten-
systeme am Gletscher-
rande haben aber nur
mit der normalen Glet-
scherbewegung zu tun.
Ihre Geschwindigkeit
ist gegen den Rand zu
herabgesetzt und in der
Talmitte am größten.
Hier fällt die Reibung
an den Talwänden weg.
Hierauf ist die Anord-
nung der Spaltensy-
steme zurückzuführen.
Manchmal liegt ein
dunkler *Mittelmoränen-
wall* auf dem Eise, und
in gleicher Richtung
wie der Gletscher zieht
er mit ihm das Tal her-

Abb. 8. Moränenwall von 1856 hoch über dem
heutigen Pasterzengletscher (Großglockner).
E. E.

unter. Das ist der Fall, wenn das Eis weiter oben aus 2 Tälern
zusammenströmte, zwischen welchen ein Felssporn aufragt. Von
diesem gehen nun Schuttbänder aus, die sich mit den Seiten-
moränen der Gletscher zu einer Mittelmoräne vereinen. Und
noch weiter hinauf kommen wir dann in die *Firnregion*, in das
Gebiet des ewigen Schnees, wo die Niederschläge als Schnee
fallen und auch im Sommer nicht abschmelzen. Hier wandelt
sich der Schnee in Firn. Der Firnschnee ist gesammelt in großen
Mulden oder in einem *Kar*. Wie der Lehnsessel eines Giganten
ist es in die darüber aufragenden Felswände eingeschnitten.
Eine Randkluft trennt den Firn von der Felswand. Darüber
hinauf ragen nur noch die scharfen Grate und steilen Gipfel des
Hochgebirges.

Nun wäre es interessant uns klarzumachen, wie es in diesem Tale aussehen würde, wenn eines Tages das ganze Eis weggeschmolzen wäre. Dazu können wir Täler aufsuchen, in denen die Gletscher stark zurückgegangen sind oder die nur früher einmal vergletschert waren.

Die heutigen Alpengletscher sind — wie die meisten anderen auf der Erde — im letzten Jahrhundert so stark zurückgegangen, daß sie seit 1850 etwa 10 % ihrer früheren Ausdehnung verloren haben. Eine Klimaschwankung nach der wärmeren Seite ist dafür verantwortlich. Die Alpengletscher haben dabei Teile ihres früheren Bettes freigegeben, der nackte, geschliffene, oft in „Rundhöcker“ verwandelte Fels kommt zum Vorschein, und hoch über der Gletscheroberfläche ziehen an den Hängen die zu-

Abb. 9. Eiszeitlicher Rundhöcker a. d. Bernina-Paßstraße. A. SEIFERT

rückgelassenen Seitenmoränen dahin. Die Gletscheroberfläche ist ganz erheblich eingesunken. Die heutigen Alpengletscher liegen im allgemeinen in Meereshöhen von über 2000 m.

Wir brauchen aber, um vom Gletscher verlassene Täler zu sehen, gar nicht so hoch hinaufzusteigen. Denn die Vergletscherung, die sich heute nur mehr in den Hochlagen halten kann, füllte während des Großen Eiszeitalters die Gebirgstäler aus. Sie durchzog sogar als ein gewaltiges *Eisstromnetz* das ganze Talsystem der Alpen und ließ nur deren höchste Gipfel noch frei. Die Pässe wurden mit Eis überflutet. Aus dieser Zeit haben die Alpen bis zum heutigen Tage eiszeitliche Naturdenkmale bewahrt. Unter diesen ragen vor allem die *Gletschergärten von Luzern und von Inzell an der Deutschen Alpenstraße hervor.* An diesen beiden Stellen der Alpen kann man sich von der Wirkung der eiszeitlichen Gletscher und ihrer Schmelzwässer auf den Felsuntergrund ein gutes Bild machen. 1956 wurde beim Bau der Autobahn München—Kufstein bei der Ortschaft Fischbach auf einem glazialen Fels-

Abb. 10. Luzerner Gletschergarten. Gletschermühle. Wehrli A.G., Zürich

vorbau mitten im Inntal ein prachtvoll modelliertes Stück Untergrundsfläche des ehemaligen Inngletschers freigelegt[1].

Während bei Luzern der mächtige Reußgletscher im Molasse-Sandstein des schweizerischen Alpenvorlandes eine Anzahl großartiger *Gletschermühlen* hervorgebracht hat, ist es im Weißbachtal bei Inzell in Oberbayern eine 4000 qm große Felswand aus dunkelgrauem Wettersteinkalk, ein Ausschnitt aus der wildbewegten

---

[1] und leider halb zerstört.

Untergrundfläche des eiszeitlichen Saalachgletschers, die uns wichtige Aufschlüsse gibt. Und das in 690—720 m M.H.! Es handelt sich dabei einmal um ausgedehnte *Gletscherschliffe* auf den Absätzen der Felswand. Bei der Aufdeckung im Jahre 1934—1936 waren sie im frischen Zustand mit Millionen von Schrammen bedeckt, die alle talauswärts zeigten. Die Felswand weist Gelände-

Abb. 11. Gletschergarten bei Inzell an der Deutschen Alpenstraße.
Schmid-Maier, Reichenhall

formen auf, die einerseits das Eis, andrerseits die Schmelzwässer hervorbrachten.

Auf dem Untergrund des Gletschers sammelt sich in der Nähe des Gletscherrandes das von der abschmelzenden Oberfläche durch Spalten und Löcher in die Tiefe stürzende Schmelzwasser. An der Unterseite des Gletschers fließt es dann häufig in Eistunnels und steht dabei unter hydrostatischem Druck, wodurch seine Mahl- und Schürfkraft noch gesteigert wird. Während nun im Luzerner Gletschergarten großartige, bis zu 10 m tiefe Mühlen entstanden, in welchen sich der schräg einstürzende Wasserstrahl mit Spiralwindungen ins Gestein hineingrub, ist es im Inzeller Gletschergarten ein Gewirr von Schmelzwasserrinnen, Kolken und Gletschertöpfen. Von den letzteren ist immer nur eine Hälfte noch vorhanden; sie sind also halboffen. Die andere Hälfte muß im Eis gelegen haben, das hier an die Felswand anschloß. Mit ihm ist auch sie geschwunden. Der Reußgletscher hat bei Luzern noch eine Mächtigkeit (Dicke) von etwa 1000 m gehabt. Daraus erklärt sich die Gewalt der Wassermassen, die die großen Mühlen hervorbrachten. Was den Inzeller Gletschergarten, über welchem das Eis nur in 300—400 m Dicke lag, dagegen auszeichnet, ist die

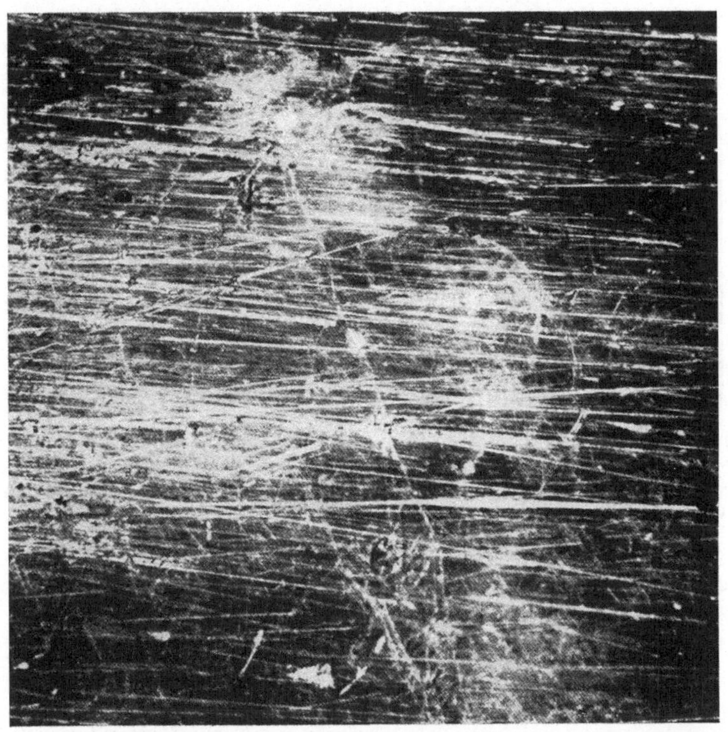

Abb. 12. Geschliffene und geschrammte Partien aus dem Gletschergarten an der Deutschen Alpenstraße. Geographisches Institut der Universität München

große Anzahl interessanter Einzelheiten, aus denen man das Zusammenwirken von Eis und Wasser erkennen kann und das eindrucksvolle Gesamtbild. Die Meinungen gehen heute darüber auseinander, ob Gletschermühlen durch das Herumdrehen von Mahlsteinen entstehen, wie es in Luzern auch in einem Experiment vorgeführt wird, oder ob der mit Sand als Schleifmittel beladene Wasserstrahl allein imstande war, sie auszumahlen.

Bei dem Inzeller Gletschergarten handelte es sich um einen Talgletscher, Weißbach- oder Rottraungletscher genannt, der ein Seitenzweig des größeren Saalachgletschers war. Der Saalachgletscher kam aus den Kitzbühler Alpen her und wurde seinerseits wieder zu einem Nebenzweig des Salzachgletschers, der sich bis zu 2000 m Höhe in der Pinzgauer Längstalung anstaute. Er leitete all das Eis ab, das sich in den Hochtälern der Hohen Tauern

Abb. 13. U-Tal in Tirol. E. E.

abwärts bewegte. Vom Saalachtal bei Schneizelreuth abzweigend, muß sich der Weißbachgletscher bergauf durch das enge Tal des Weißbaches hinaufgezwängt haben. Er hat dabei sein felsiges Bett zurechtmodelliert in der Weise, wie es im Gletschergarten zu sehen ist.

Was wir im Tale des Inzeller Gletschergartens aber nicht sehen, das sind Moränenwälle und Schotterterrassen. Sie liegen etwas weiter draußen im Norden vor dem Kalkalpenrand und umrahmen das kleine Zungenbecken bei Inzell. Dieses Becken hat ehemals das Ende des hier im Rottrauntal zum Rottraungletscher werdenden Weißbachgletschers beherbergt.

Läge nun das Weißbachtal nicht in den bayrischen Kalkalpen, sondern befände sich in den sehr widerständigen kristallinen Gesteinen der Zentralalpen, so würde es noch eine Anzahl anderer glazialer Erscheinungen zeigen können. Vor allem würde sein Talquerschnitt eine klassisch schöne U-Form aufweisen. Solche, an einen Backtrog erinnernde, vom Eise des Eiszeitalters tief ausgehöhlte und gerundete Täler mit U-Querschnitt nennt man sehr anschaulich „Trogtäler". Als sie ursprünglich nur durch Bäche oder Flüsse angelegt und in das Gebirge eingetieft worden waren, hatten sie noch einen V-förmigen Querschnitt. Erst die später das Tal durchziehenden Eismassen haben sie erweitert und gestreckt, die Talwände versteilert, ja stellenweise sogar unterschnitten. Und noch eine andere Eiszeiterinnerung sehen wir in den Kalkalpentälern für gewöhnlich nicht mehr: Eine deutliche, hoch oben am Gehänge hinlaufende Hohlkehle, die sog. *Schliffkehle*. Sie zeigt in den jetzt nicht mehr vergletscherten Zentralalpentälern, wie hoch hinauf ehemals ein Gletscherstrom das Tal erfüllte. Es waren viele hundert Meter über dem heutigen Talboden. Im Herkunftsgebiet des Salzachgletschers, zu dessen Eisstromsystem ja auch Saalach- und Weißbachgletscher gehörten, in den majestätischen Tauerntälern im Lande Salzburg, da finden wir solche Schliffkehlen in den felsigen Talflanken.

Manchmal zieht sich dort auch in großer Höhe über dem Talboden eine Felsterrasse hin, die *Trogschulter* genannt wird. Im tiefsten Hintergrund des Tales schließen sich in einem gewaltigen Felsenzirkus die steilen *Trogwände* halbkreisförmig zusammen. Über Riesentreppen, die die Gletscher ehedem aus dem Gestein herausmeißelten, stürzen heute sprühend kristallklare

Abb. 14. V-Tal im steierischen Salzkammergut. E. E.

Wasserfälle herunter. Mattschimmernd wie antike Metallspiegel liegen hier die „Grünseen“ und „Weißseen“, die höchsten Seenaugen in der weltenfernen Hochgebirgseinsamkeit. Die felsigen Becken werden jetzt von Schmelzwässern gefüllt, die nur mehr kleinen Überresten jener großen Talgletscher entströmen, die diese Seewannen ehemals ausgehobelt haben.

## 3. Es formte sich das eiszeitliche Landschaftsbild

Ein Tal der Zentralalpen zu durchwandern, ist nicht nur schön, es ist für uns auch außerordentlich aufschlußreich. Denn wir fragen uns: Wo kam nun all dies viele Gletschereis her, das sich ins Alpenvorland ergoß und dabei jene Landschaftsbilder hervorbrachte, die unser Auge heute entzücken. Wir haben einen Zentralalpengletscher bereits kennengelernt. Während des Großen Eiszeitalters

waren die Alpen viel weiter herunter vergletschert als heute. Der
Hauptursprungsort des Firneises waren die Hochalpentäler, die
vom Zentralkamm herunterziehen. Zillertal, Ötztal, die Tauern-
täler waren solche Ursprungsstätten. Das Eis hatte sich in den
großen, inneralpinen Längstälern von Inn, Salzach und Enns gesammelt, langsam herunterbewegt und dabei bis in 2000 m Höhe
aufgestaut. Dann gelang es ihm, die nach Norden hinausführenden

Abb. 15. Blick in das Stammbecken des
Rheingletschers mit dem Bodensee (von
Haldenhof bei Sipplingen aus gesehen).
E. E.

Alpenpässe zu überwinden
und durch die Quertäler, die
die nördlichen Kalkalpen
durchziehen, weiter abzu-
fließen. Über das so ent-
standene Eisstromnetz in
den Alpen können im Ge-
birgsinnern nur noch die
hohen Gipfel herausgeragt
haben. Am Nordrande der
Alpen, wo das Eis in etwa
1200—1300 m Höhe stand,
hingen noch lokale Glet-
scher an den Kalkgebirgen.

Wir wollen nun aber vor allem sehen, was im Vorland der Alpen
geschah, als die Eismassen aus den Alpentoren, d. h. den von den
großen Flüssen angelegten Öffnungen in der Alpenmauer, her-
ausquollen. Nun gewannen sie auch Platz, sich seitlich auszu-
breiten, und dabei traten eine ganze Anzahl von Gletscherfächern
oder Gletscherkuchen in Erscheinung, die vielfach miteinander
verwuchsen. Eine „*Vorland-Vergletscherung*" entstand.

Auf der West- und Nordseite der Alpen begann in der Schweiz
und in Frankreich die Vereisung des Vorlandes mit dem riesigen
*Rhonegletscher*. Er hatte sich ein Felsbecken ausgeschürft, sein
Stammbecken, das heute vom Genfersee erfüllt ist. Er staute zeitweise den benachbarten *Aaregletscher* auf, indem er ihm den Ab-
flußweg verlegte. Es folgten gen Nordosten der *Reuß- und der
Linthgletscher*, deren Stammbecken die berühmten Schweizer Rand-
seen wie Vierwaldstättersee, Zürichsee und andere einnehmen.
Schweiz, Deutschland und Österreich teilen sich in das Gebiet des
ebenfalls riesigen *Rheingletschers*, der sich das Bodenseebecken

18

ausgehobelt hat. Ihm folgten nach Osten hin der viel kleinere *Iller-Lechgletscher*, dessen Stammbeckenseen zum Teil schon wieder abgelaufen sind, und dann schließen sich im bayerischen Alpenvorland der *Isar-*, *Inn-* und *Salzachgletscher* an, welch letzterer auch auf österreichisches Gebiet hinüberreicht. Hier liegen die schönen bayerischen Alpenvorlandseen in den Stamm- und Zungenbecken der Gletscher. Die Zungenform ist bei den meisten der bisher genannten Seen sehr auffällig.

Der Inngletscher war am weite-sten, nämlich 32 km ins Vorland hinaus vorgestoßen. Der Salz-achgletscher nur mehr 28 km und der österreichische Traun- und der Ennsgletscher, die nun anschlossen, erreichten das Vor-land nur eben noch oder über-haupt nicht mehr. Der erstere umschloß die Becken der Salz-kammergut-Seen, die ja ein landschaftliches Juwel darstel-

Abb. 16. See-erfülltes Gletscher-becken von Lugano. E. E.

len, und mit dem letzteren endete die Alpenvorlandverglet-scherung im Osten.

Ähnlich großartige Erscheinungen zeigt der Südalpenrand, wo die Gletscher infolge der klimatischen Verhältnisse in der Ober-italienischen Tiefebene jedoch nicht so weit ins Vorland hinaus vordringen konnten, wie dies am Nordrand der Fall war. Dafür bauten sie um so gewaltigere *Moränenamphitheater* rings um die Südenden der oberitalienischen Seen herum auf: um den Lago Maggiore herum ebenso wie um den Comosee und besonders imposant um den kleinen Iseosee. Verblüffend hohe Endmoränen türmen sich auch am Südende des Gardasees auf.

Die alpenauswärtigen Enden der großen Alpenrandseen, im Norden sowohl wie im Süden, sind also die Punkte, wo wir die mächtigsten Schuttanhäufungen der eiszeitlichen Alpenglet-scher suchen müssen. In deren Becken haben sie auch den Unter-grund am meisten bearbeitet und abgeschürft. Vielfach mögen die Becken schon früher einmal durch Flüsse oder Senkungs-vorgänge angelegt worden sein. Die felsigen Wannen der Seen sind vom Eise gerundet. Die Gletscher haben nicht nur selbst Hohlformen geschaffen, sondern auch bereits bestehende vertieft und verbreitert. Manchmal schließen sich an die *Stammbecken* — die immer in der Nähe des Alpenrandes zu suchen sind — gletscherauswärts auch noch *Zweigbecken* an, die wie gespreizte Finger am Handteller am Stammbecken sitzen. Auch diese Zweigbecken sind häufig von Seen erfüllt. So sind unsere prachtvollen Alpenrandseen fast alle ein Geschenk des Großen Eiszeitalters. Beim späteiszeitlichen Abschmelzen der Vorlandvergletscherung waren sie noch viel ausgedehnter und standen viel höher als heute.

Inzwischen hat nach dem Großen Eiszeitalter die Flußarbeit wieder kräftig eingesetzt. Manche der späteiszeitlichen Wasseransammlungen brachten die Flüsse schon zum Ablauf oder senkten wenigstens die Spiegel heute noch bestehender Seen. Das taten

Abb. 17. Durchbruch der Salzach durch die Würm-Endmoränen. E. E.

sie, indem sie die stauenden Moränenriegel durchsägten und damit den Wasserabfluß herbeiführten. Mit ihren Ablagerungen schütteten sie die Seen ganz oder wenigstens halb zu, wie letzteres am Südende des Chiemsees der Fall war. Durch das Kommen der Gletscher und die wirre Anhäufung ihrer Schuttmassen im Vorland der Alpen war ja mit den Gefällsverhältnissen das ganze Flußnetz in Unordnung geraten. Solange seit dem Schwinden der Vereisung die Flüsse auch schon daran arbeiten, sie haben es bis heute noch nicht wieder ganz in Ordnung bringen können. Eine der auffälligsten Erscheinungen sind die unerwarteten *Flußkniee*. Manche Flüsse im Alpenvorland kehren plötzlich ihre Richtung um und fließen, statt vom Gebirge weg, wieder dem Gebirge zu. Ein Beispiel dafür im bayerischen Alpenvorland ist die *Mangfall*. Die Ursache für die Entstehung solcher Flußkniee ist, daß die schwindenden Gletscher ihre tief ausgehöhlten Stamm- und Zweigbecken leer zurückließen. Da bekanntlich Wasser immer bergab fließt, machten die Flüsse kehrt und eilten, wo es nur ging, diesen, nahe dem Alpenrand liegenden Beckentiefen zu. Man spricht von einer späteiszeitlichen „*Umkehr der Hydrographie*", d. h. des Fluß-netzes im Alpenvorland.

Wir wollen aber nun einen Blick auf die großen Schuttland-schaften selbst werfen, die überall im Vorland der Alpen die ehe-maligen Gletscherzungenbecken umgürten. Heute sind die Schutt-berge wieder begrünt, und Wald und die bäuerliche Kulturland-

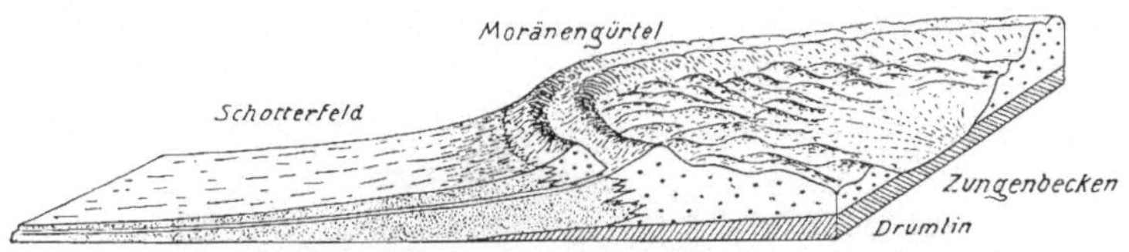


Abb. 18. Glaziale Serie. Nach PENCK

schaft breitet sich schmückend darüber hin. Seit Jahrhunderten und Jahrtausenden sind diese Landschaften schon besiedelt. Große Städte wie Genf, Luzern, Zürich, die Bodenseestädte liegen am Rande der see-erfüllten Zungenbecken der ehemaligen Gletscher und auf den End- und Seitenmoränenzügen. Durch diese dichte Besiedlung gibt es zahlreiche künstliche „Aufschlüsse" — so sagt der Geologe —, weil Kiesgruben und Steinbrüche gebraucht werden. Sie erlauben, die Gesteinsbildungen in der Eiszeitland-schaft näher zu betrachten und zu untersuchen; denn für den Geo-logen ist alles „Gestein", gleichviel, ob fest oder locker.

Stamm- und Zweigbecken und ein Gürtel von End- und Seiten-moränen sind, wo einst kuchen- oder zungenförmige Gletscher am Werke waren, die Kernstücke einer „*Glazialen Serie*". Wir ver-stehen darunter eine von der Eiszeit bestimmte landschaftliche Einheit aus mehreren, in sich grundsätzlich zusammenhängenden Bestandteilen. Diese sind alle durch die Art ihrer Entstehung mit-einander verknüpft. Der ins Gebirgsvorland hinaus vorgedrungene Gletscherarm schuf sich ein Becken und legte ringsherum seine mitgeschleppten Schuttmassen ab. Zur glazialen Serie gehören aber auch noch andere Bildungen als Becken und Wallmoränen.

Wir haben einzelne Moränenarten und ihre Entstehung schon kennengelernt. Es wird nun darauf ankommen, die *Formen* zu beobachten, in denen sie abgelagert wurden und an denen man sie noch heute vielfach erkennen kann, auch wenn kein Aufschluß vorhanden ist.

Der Gletscher arbeitete und schob, vom fernen Hochtal in den Zentralalpen heraus bis ins Alpenvorland, solange er „lebte". Denn wie wir später sehen werden, kann man auch von „totem

Abb. 19. Endmoränenkuppe im Zuge der östlichen Seitenmoränen der Ammer-
seezunge des Isarvorlandgletschers. E. E.

Eis" sprechen. Die Lebenskräfte des Gletschers hingen vom Nach-schub aus dem fernen Hinterland ab. In den Gebirgen lieferten ihn die hochliegenden Firnbecken. Was er an Gesteinsschutt mit-brachte, stammte von den Gesteinsarten des Hinterlandes her, das er durchwandert hatte. Er schob den Bergschutt mit, der irgend-wie auf oder in oder unter das Eis geraten war. An seinem Unter-grunde bildete sich die *Grundmoräne*, im Eis die *Innenmoräne*, und auf dem Eis die *Obermoräne*. Da, wo der Gletscher sein Ende fand, weil die Abschmelzung den Nachschub überwog, da mußte das herbeigeschleppte und herbeigeschobene Material liegen blei-ben und sich zu jenen weithin verfolgbaren Moränengirlanden aus Hügeln und Kuppen aufhäufen, die wir als *End-* und *Seiten-moränen* schon kennen. Sie müssen aus den verschiedenartigsten Mitbringseln zusammengehäuft sein. Durch die Verschiedenartig-keit der Gesteinsarten, die im Schutt mitgeschoben werden, kann man Moräne vom gewöhnlichen, einförmig zusammengesetzten Gehängeschutt des Gebirges unterscheiden. Blöcke, Sand, Kies, ja auch Grundmoränen und Schotter können in die End- und

Seitenmoränenwälle der Gletscher mithineingeraten. Oft sind die Wallmoränen an der Oberfläche mit *erratischen oder Findlingsblöcken* wie besät.

Im Alpenvorland setzen die End- und Seitenmoränenketten am Alpentor an und kehren zu ihm zurück. Dabei greifen sie weit ins Vorland hinaus und schlingen ihre manchmal doppelten und drei-fachen Kränze um das Gebiet der ehemaligen Gletscherzunge herum. Da es Satz- und Still-standsmoränen sind, mar-kieren sie die Haltezeiten des Gletscherrandes. Da aber der Eisrand vielfach schwankte, d. h. vorging und zurückwich, dabei auf oft nur kleine Klima-schwankungen ansprechend, sind häufig eine ganze Anzahl solcher Wälle dicht hintereinan-der gereiht. Im Gebiete

Abb. 20. Geschliffener Findlingsblock im Illervorlandgletschergebiet. E. E.

des Nordischen Inlandeises, wo natürlich viel großzügigere Ver-hältnisse herrschten als im Raume der Alpenvergletscherung, sind die Endmoränen häufig nicht nur durch Absatz am Eisrande, son-dern durch Zusammenschub und Aufstauchung entstanden. Außer Moränenmaterial aller Art sind Kiesschichten und Seetone oder -sande und vor allem Schuppen des anstehenden älteren Unter-grundes aus der Voreiszeit aufgestaucht, aufgerichtet und auf-gestellt, in den Moränen wieder zu finden. Solche Moränen werden *Stauchmoränen* genannt.

Steht man auf dem Moränengürtel und sieht gletscherauswärts, so wird der Landschaftscharakter ein völlig anderer. Große *Schotter- oder Sandebenen*, schwach nach außen abfallend, markieren weiter außen das Randgebiet der ehemaligen Vergletscherung. Man muß sich vorstellen, daß hier zahllose Gletscherbäche, Flüsse und Ströme aus dem Eise hervorbrachen. Sie alle schleppten Moränenschutt mit, wuschen die Feinbestandteile heraus, rollten

die Gesteinsfragmente ab und lagerten alles in Form von Schotterkegeln, die riesenhaftes Ausmaß erreichen können, auf der Außenseite der Moränenkränze wieder ab. Solche Schmelzschotterebenen
am Rande der „Jökulln" werden auf Island *Sander* genannt, und
man sieht dort sehr schön, wie sie von Hunderten und Tausenden
von Schmelzwasserrinnsalen aufgeschüttet werden. Man hat diese
Bezeichnung auch für die entsprechenden Gebilde des Nordischen Inlandeises in Norddeutschland übernommen. Die Schmelzwässer können aber natürlich auch in Talrinnen abfließen oder in breiten Talzügen am Eisrand entlang, wenn Hindernisse, Gebirge etwa, es erzwingen. In Norddeutschland sind auf solche Art die breiten „*Urstromtäler*" entstanden. Im Gebiete der Alpinen Vereisung fin-

Abb. 21. Eine im Alpenvorland seltene Bildung:
Stauchmoräne bei Kirchweidach/Obb. E. E.

det man die Schmelzschotter auch vielfach in Rinnen eingelagert
oder in ältere Täler. Die Gerölle des ehemaligen Gletscher-
flusses wurden natürlich immer kleiner, je weiter sie von ihrem
Ursprungsgebiet wegtransportiert worden waren. Im Gebiet der
Nordischen Vereisung führte der sehr lange Reiseweg von Skandinavien bis in die norddeutsche Tiefebene hinein zu einer starken
Abrollung und Aufarbeitung des Geröllmaterials im strömenden
Wasser, so daß die Sander hier nun wirklich aus Sand bestehen,
während im Alpenvorland noch gut abgerollter Kies die großen
Schotterkegel zusammensetzt. Ein gutes Beispiel für einen solchen
eiszeitlichen Schotterkegel von großen Ausmaßen ist die bekannte
„*Münchener schiefe Ebene*", die von den Abflüssen zweier Gletscher,
dem Isar- und dem Innvorlandgletscher zusammen aufgebaut
worden ist. Sanderflächen, flache Schotterkegel, Terrassentreppen,

Urstromtäler usw. sind also die am meisten gletscherauswärts liegenden und nur mittelbar noch von den Wirkungen der ehemaligen Vereisungen herrührenden Landschaftsteile der glazialen Serie.

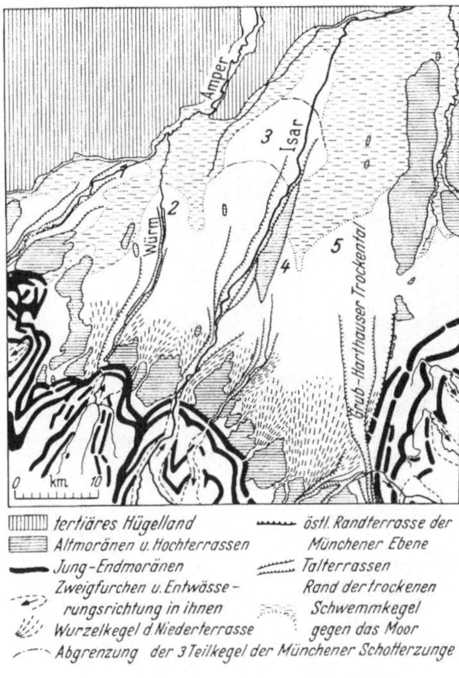


Abb. 22. Die von Isar- und Innvorlandgletscher aufgeschütteten Schotterkegel der „Münchener schiefen Ebene". Nach TROLL. 1 Feldgedinger Schotterzunge, 2 Menzinger Schotterzunge, 3 Garchinger Schotterzunge, 4 Perlacher Schotterzunge, 5 Feldkirchener Schotterzunge

Von den Endmoränenkränzen gletschereinwärts gesehen bieten sich wieder ganz andere Landschaftsbilder dar. Hier herrscht die *wellige Grundmoränenlandschaft* vor. Auf den Böden der Felsbecken, welche sich die Gletscherzungen im älteren Gesteinsuntergrund ausgehobelt hatten, ließen sie an günstigen Stellen ein Grundmoränenpolster zurück. An andern Stellen ist der Beckenboden aber wieder wie ausgefegt. Besonders in den Zonen zwischen den Becken, auf den zwischen ihnen liegenden Höhenzügen oder

Riedeln, die speichenförmig vom Gletscherstammbecken her ausstrahlen, blieben oft große Massen von Grundmoräne zurück. Hier wogen die Oberflächen des Geländes auf und ab, oder das Relief steigert sich sogar bis zur Ausformung langgestreckter, elliptischer Hügel mit glatten Oberflächen, den sog. *Drumlins*. Es ist dies eine Bezeichnung, die aus dem Gälischen kommt; in Irland sind die Drumlinhügel in großer Zahl vorhanden und wurden dort zuerst eingehend studiert. Später wurden sie dann in fast allen anderen Vereisungsgebieten auch entdeckt; in ganz großer Zahl finden sie sich im Gebiet der Großen Seen und der Finger Lakes in Nordamerika. Die Drumlins treten nur in Gesellschaft auf. Wie ganze Flotten von gut durchkonstruierten Rennbooten ziehen sie „gestaffelt in Kiellinie" dahin.

Abb. 23. Drumlin Fisselberg bei Haunshofen im Isarvorlandgletschergebiet. (Nördliches Schweifende bei den Häusern, Höhe des Drumlins 30 m.) E. E.

Die schachbrettförmige Anordnung ist besonders charakteristisch für sie. Sie bestehen gewöhnlich nur aus Grundmoräne, haben aber auch oft einen Schotter- oder sogar Felskern. Es sind Gletscheruntergrundformen, eine Art Wellensystem, das an der Grenze von Untergrund und bewegtem Eise entstand. Das rasch strömende Eis hat sie machtvoll stromlinienförmig modelliert. Sie erhielten glatte Flanken und lange Schweife, wie sie gut schwimmende Riesenfische besitzen.

Auch diese Drumlins gehören zur glazialen Serie: eine der eigenartigsten und elegantesten Landschaftsformen, welche die Vereisung zurückließ. Ihr Gegenstück im festen Felsgestein sind die *Rundhöcker* des Gebirges, auch „roches moutonnées" genannt. Auch sie treten als „*Rundhöckerfluren*" immer, z. B. auf den Gebirgspässen, in Gesellschaft auf. Vielzahl, schachbrettartige Anordnung und auch ihre Formen bieten manche Parallele zu den Drumlins,

wenn auch die Strömungskräfte im festen Gestein sich naturgemäß
etwas anders auswirkten. Vor allem fehlt der langgestreckte, man
möchte fast sagen „rassige" Schweif am gletscherfernen Ende des
Drumlins, der nur mit Hilfe von angeschobenem Lockermaterial
zustande kommen kann.

Abb. 24. Mehrere Rundhöcker im Gletschergarten a. d. Deutschen Alpenstraße,
mit wagenspurartigen Rinnen. E. E.

Noch zwei bezeichnende Formengruppen im Landschaftsbilde
ehemals vereist gewesener Zonen sind hervorzuheben: die Bildungen der *Späteiszeit oder Abschmelzzeit* und diejenigen des sog.
*Toteises*. Bei den ersteren handelt es sich hauptsächlich um Schmelzwassertäler und um Seeablagerungen. Die *Schmelzwassertäler*, die
nun trocken liegen, kann man noch heute sehr schön in der Landschaft verfolgen. Sie beginnen an den Endmoränen mit kleinen,
sich trompetenförmig nach außen öffnenden Taleinschnitten. Wenn
der Gletscher sich bereits von der äußersten Endmoräne zurückgezogen hat, ziehen sie auch auf der Innenseite der Endmoränen
entlang. Eine Hauptabflußader zog sie an, welche meist an der
Spitze der Gletscherzunge ansetzte.

Die großen *Schmelzwasserseen*, die ehemals bestanden haben,
sind nun längst wieder verschwunden. Aber ihre Ablagerungen
sind noch da: Ton, Kies und Sand. Zunächst entstanden in
den Tieflagen Eis-Stauseen, die in der Richtung gletscherauswärts durch Moränen und gletschereinwärts durch die Eis-
mauer selbst aufgestaut
wurden. Sie hatten eine
verhältnismäßig nur kur-
ze Lebensdauer. Verän-
derte sich die Lage des
Eisrandes, so wurde ihr
Spiegel u. U. ganz plötz-
lich abgesenkt. Die von
den Schmelzwassern her-
beigeschleppten Kiesmas-
sen wurden als sog. *Del-
tas* in die Stauseen eingelagert, d. h. in schrägen
Schichten mit einem Fall-
winkel von 18 bis 20⁰,
so wie es der entgegen-
stehende Wasserdruck
eben noch ermöglichte.

Abb. 25. Delta eines ehemaligen Illerglet-
schersees im Kemptener Becken. E. E.

Hochwässer breiteten dann noch horizontal geschichtete Lagen
über die Schrägschichten aus.

Als sich der Gletscher noch weiter zurückgezogen hatte und
die Transportwege immer länger wurden, wurde nur noch Gletschertrübe, das feinste Material, allerdings in gewaltigen Mengen,
von den schon weit zurückliegenden Gletscherenden mit den
Schmelzwässern herangebracht. Es wurde in den eisfrei gewordenen Teilen der Stamm- und Zweigbecken abgelagert. So finden
sich heute weite, völlig steinfreie *Seetonflächen* sowohl im Rahmen
der Alpinen wie der Nordischen Vereisung. Im Norden sind es die
„Tonäcker" Finnlands und Schwedens, wo jene berühmten
„Warwenzählungen" angestellt werden konnten, welche zuerst
genaue Zeitbestimmungen für den Schlußabschnitt des Großen
Eiszeitalters ermöglichten. Wir werden später mehr davon
hören.

Einen ganz besonders reizvollen und auch bezeichnenden Teil
der eiszeitlichen Landschaftsformen liefern die *Gebilde des „Toteises"*. Dabei handelte es sich um Eismassen, die nicht mehr im
Zusammenhang mit dem Körper des „lebendigen", also des noch
strömenden Eises standen. Schon in den großen Hauptendmoränen
findet man oft riesige Hohlformen, welche auf einst im Schutt

Abb. 26. Gebänderte Seetone unter einem Hochmoor. Innvorlandgletscher

begrabene Eisblöcke hinweisen. Beim nachträglichen Abschmelzen
haben sie große Senken in den Schuttmassen zurückgelassen. Die
Gletscher stagnierten während der Späteiszeit, als infolge eines
Klimaumschwunges der Zustrom von Eis mehr und mehr aus-
blieb. Durch die Tätigkeit der Gletscherbäche wurden große Eis-
schollen abgetrennt und das in einzelne Teile zerfallende Eis mit
Sand und Kies bedeckt und verhüllt. Unter einer solchen schützen-
den Decke ist die Abschmelzung sehr verlangsamt, und erst nach
Jahrhunderten oder sogar nach Jahrtausenden verschwindet das
vergrabene Eis vollständig aus dem Boden; an seiner Stelle
entstehen, ebenso wie oben erwähnt in den Endmoränen, Hohlformen in der Kies- und Sanddecke. Wo Schichten ausgeschmol-
zener Schotter ehemals an einer Eisscholle angelagert wurden,
sind heute noch wie mit dem Messer geschnittene Steilränder
vorhanden, obwohl das Gegenlager längst geschwunden ist.
Eines der schönsten Beispiele hierfür im nördlichen Alpenvorland zeigt der Steilrand der Seeshaupter Randterrasse am

Südende des Starnberger Sees, *eine klassisch schöne Toteislandschaft.*
Von diesem Terrassenrand, der über *die Moore und Seen des Ostersee-*
*gebietes* aufragt, hat man einen Rundblick über die Toteislandschaft
im Vordergrund, die Vorberge bei Murnau und die Bergkette der
Bayerischen Kalkalpen.

Außer durch solche Randterrassen mit frei in die Luft aus-
streichenden Steilrändern fällt die Toteislandschaft noch durch
weitere Bildungen auf: vor allem durch Hügel-
züge aus perlschnur-
artig hintereinanderge-
reihten Kuppen, die
senkrecht zu der Haupt-
richtung der Endmo-
ränenkränze verlaufen.
Diese Hügelzüge haben
ganz offensichtlich mit
früheren Wasserläufen
zu tun und schlängeln
sich gelegentlich auch
wie solche. Dieser Zu-
sammenhang geht auch

Abb. 27. Oskuppen im Großen Ostersee bei
Seeshaupt, Toteisgebiet des Isarvorlandgletschers. E. E.

aus dem innern Aufbau hervor: sie bestehen aus vom Wasser
abgelagertem Kies und Sand. Es muß sich um Schmelzwässer
gehandelt haben, die eine solche sog. „*Os-Landschaft*" (nach dem
schwedischen Wort „Ås" = Hügel) hervorbrachten. Zwischen
den Ketten von Oskuppen liegen meist längliche Senken mit
Seen oder Mooren. Zahllose, unregelmäßig angeordnete kleine
Seen sind überhaupt ein Kennzeichen aller Toteislandschaften.

Das schönste Beispiel für nordische Os-Landschaften, die natürlich einen anderen Größenmaßstab haben als das Osterseengebiet,
zeigt das „*Land der tausend Seen*", die finnische Seenplatte. Hier ist
unter vielen andern Osern das weltberühmte Punkaharju-Os zu
finden, das sich wie eine gigantische Seeschlange durchs Wasser
windet. In anderen Teilen Skandinaviens sind die Oser oder Åsar
Hunderte von Kilometern lange eisenbahndammähnliche Kies-
rücken, die in der Strömungsrichtung des ehemaligen Inlandeises
dahinziehen.

Die Oser entstehen auf verschiedene Weise, je nachdem, ob sie auf festem Land unter Toteis oder an einem schrittweise zurückweichenden Gletschertor in stehendes Wasser hinein abgelagert wurden. Im letzteren Fall ergibt sich eine Hügelkette. Im ersteren wird das Geflecht der unter dem stagnierenden Gletscher verlaufenden Schmelzwasserrinnen abgebildet. Die zurückbleibenden Schotterrücken, die in Eistunnels oder auch offene Spalten einge-

Abb. 28. Punkaharju-Os, Finnische Seenplatte.

füllt waren, sind wie ein Netz miteinander verflochten. Manchmal gehen sie am gletscherauswärtigen Ende in die Spitze eines Sanders über, dessen Ansatzstelle hoch über die scharf eingekerbte Senke aufragt, die einstmals von Toteis erfüllt war.

Eine weitere Form von Toteisbildungen sind die „*Kames*", flachere Terrassenhügel, ebenfalls von Schmelzwässern in Talungen zwischen Eisrändern eingelagerte Schmelzschotter und Abschmelzsande.

Aber was nun diese Toteislandschaften für den Wanderer am anziehendsten macht, das sind die wassererfüllten Hohlformen, die zahllosen kleinen blauen Seeaugen. Mit den unwahrscheinlichsten Verzweigungen, Buchten und Winkeln liegen sie inmitten des Gewirrs von bewaldeten Schotterrücken und von mit Wiesen bedeckten Schotterterrassen. Sie nehmen den Raum der verschütteten und abgeschmolzenen Toteisblöcke ein. Das tun auch die sog. *Toteislöcher*, die, oft von kleinen Moorflecken ausgefüllt, eine seltene und altertümliche Flora bergen.

Das eiszeitliche Landschaftsbild ist, wie wir aus den oben dargelegten Einzelheiten erkennen konnten, von großer Vielfalt und

Eigenart. Besonders die Randzonen ehemaliger Vereisungen gehören heute zu den naturschönsten Landschaften. Die drolligen, bebuschten Kämme und Kuppen der Endmoränenzüge, von heute trocken liegenden Tälchen und Talstutzen durchzogen oder begleitet, die harmonisch ausschwingenden Drumlinhügel, das unentwirrbare Durcheinander von scharfkantigen Terrassen in der Toteislandschaft, merkwürdig geformten Einzelhügeln, Toteislöchern, Osern usw., sie alle und vieles andere tragen zu diesem Eindrucke bei. All dies gilt sowohl für die Alpine wie für die Nordische Vereisung. Was gibt es Reizvolleres als das nördliche Alpenvorland mit dem bezaubernden Auf und Ab seiner Hügelketten, aus welchen Hunderte von großen Seen und kleinen See-

Abb. 29. Versumpftes Toteisloch in den Moränen bei Seeon, Chiemseevorlandgletscher. E. E.

augen herausstrahlen? Und die Seenzone am Südrand der Alpen die zu den berühmtesten Landschaften der Erde gehört! Aber auch Schleswig-Holstein, Mecklenburg, Ostpreußen mit ihren höchst launisch gestalteten, liebenswerten Landschaftsbildern, wo Hügelland, Wasser und Wald sich zu einer großen Natursymphonie vereinen, verdanken ihren landschaftlichen Charakter dem Großen Eiszeitalter.

## 4. Das klimatische Geschehen

Wenn wir wieder einfach nur unser Gefühl sprechen lassen und uns fragen, was wir zu einer Eiszeit eigentlich für nötig halten, so wird die erste Antwort sein: Kälte! Wo aber ist es heute kalt? Im Norden und im äußersten Süden, in der Höhe und im Innern von Kontinenten — beispielsweise in Sibirien — wo die temperaturausgleichenden Einflüsse der Ozeane nicht mehr hingelangen.

Wir werden uns aber auch sofort klar, daß ein Zweites zur Vergletscherung gehört, nämlich Schnee. Schnee ist Regen in fester Form.

Temperaturhöhe und Niederschlagsmenge eines Ortes hängen vom Klima ab. So ist es verständlich, daß die Frage nach dem Eiszeitklima die Forschung vor allen anderen jahrzehntelang beschäftigt hat und immer noch beschäftigt. Klimawandlungen müssen die Ursache der ausgedehnten Vereisungen gewesen sein. Denn in jenen Ländern, wo ehemals große Gletscher lagen wie Norddeutschland, das Alpenvorland, das Land der Großen Seen in Nordamerika ist heute keine Spur von Eis mehr zu finden. Es kann also nur ein anderes Klima die Vergletscherung dieser Landmassen herbeigeführt haben.

Die dem Eiszeitalter vorausgehende Tertiärzeit, auch Braunkohlenzeit genannt, weil während einzelner ihrer Zeitabschnitte jetzt zu Braunkohle gewordene Moore und Wälder wuchsen, war zweifellos sehr viel wärmer und ließ, sogar in den jetzt gemäßigten Breiten, Überreste von Tieren und Pflanzen zurück, deren Verwandte heute einem subtropischen oder tropischen Klima angehören. Palmen wuchsen sogar in Grönland. Andererseits ist unsere Jetztzeit offensichtlich ja auch wieder wärmer geworden und erlaubt keine ganz großen Vergletscherungen mehr. Gegen das Ende der Tertiärzeit zeigt sich deutlich eine Klimaverschlechterung.

Man hat zahlreiche Klimatheorien für das Eiszeitalter entwickelt, die sich, wie dies in einer fruchtbaren Diskussion vorkommt, manchmal auch widersprachen. Man hat einerseits Temperaturerniedrigungen als Anlaß der Vereisungen angesehen, bei anderen Autoren wieder sollten erhöhte Niederschlagsmengen für die Ansammlung großer Eis- und Schneemassen verantwortlich gemacht werden. Es sagt sich wohl schon der Laienverstand, daß beides, Temperatur und Niederschläge, eine Rolle gespielt haben muß.

Zunächst sollte man denken, daß doch die Schicksale der *Lebewesen* während des Eiszeitalters aufschlußreich sein könnten und man aus ihren Überresten auf das eiszeitliche Klima Schlüsse ziehen könne. Im Umkreis der vergletscherten Gebiete ist von solchen Überresten allerhand zu finden. Es ist richtig, daß man Schlüsse daraus ziehen kann, aber doch nur mit gewissen

Einschränkungen. Von jeher hat während des Ablaufs der Erdgeschichte das Leben gewußt, sich neuen Umweltsbedingungen, unter denen die klimatischen die größte Rolle spielen, anzupassen. Es können solche Anpassungen stattgefunden haben, die dann das Bild verschleiern. Manche Tierarten sind auch heute nur innerhalb weiter Grenzen temperaturempfindlich, d. h. haben große Temperaturspannen. Große jahreszeitliche Wanderungen hochnordischer Tiere nach S oder SW, deren Reichweite uns erstaunt, mischten während des Großen Eiszeitalters die einzelnen Tiergruppen. Die jahreszeitlichen Tierwanderungen von heute: der Vögel, der Lachse u. a. mögen eine uralte Nacherinnerung daran bedeuten. Auch die hochalpinen und die nordischen Arten vertauschten unter Umständen bei einem Klimawechsel ihre Wohnsitze.

Trotzdem lassen sich aus manchen eiszeitlichen Arten und Lebensgemeinschaften und ihrer geographischen Verbreitung Schlußfolgerungen auf die Klimaverhältnisse des Großen Eiszeitalters ziehen, die bei den Lebensgemeinschaften sicherer sind als bei den einzelnen Arten, weil diese Anpassungen vorgenommen haben könnten. Besonders läßt sich auch am wiederholten Auftreten und Verschwinden einzelner Lebensgemeinschaften erkennen, daß während des Großen Eiszeitalters ein Wechsel von eigentlichen Kaltzeiten und dazwischen liegenden Warmzeiten eingetreten ist.

Wir wollen an dieser Stelle nur zwei deutlich arktisches Klima anzeigende Vertreter der Pflanzen- und Tierwelt hervorheben, das ist die *Silberwurz und der Moschusochse*. Die achtblättrige Silberwurz (Dryas octopetala) ist der Hauptvertreter einer anspruchslosen, an Kälte angepaßten baumlosen Pflanzengesellschaft. Andere Mitglieder dieser sind die Zwergbirke und die Polarweide. Diese Flora, die in den Ablagerungen aus dem Großen Eiszeitalter mehrmals wiederkehrt und wieder verschwindet, deutet mit aller Sicherheit auf eine arktische Kältesteppe hin, auf die Weiten einer baumlosen Tundra, wie man sie heute in den Polargebieten kennt. Die Blättchen der zierlichen Silberwurz und ihrer Lebensgefährten finden sich, meist in tonige Ablagerungen späteiszeitlicher Seen eingebettet, in der heute gemäßigten Zone, z. B. im nördlichen Alpenvorland, in Sachsen, in Galizien, in Norddeutschland usw. Diese

Landesteile müssen also einmal oder sogar mehrmals nur eine Zwergstrauchvegetation unter arktischen Klimaverhältnissen gehabt haben. Nach dem Urteil der Botaniker weist das auf eine mittlere Temperaturminderung von 6–10°C oder sogar 12°C hin. Allerdings müssen wir bei diesen Beobachtungen hinsichtlich der Örtlichkeit Vorsicht walten lassen. In den Hochlagen der Bayerischen Kalkalpen hat sich die tapfere kleine achtblättrige Silberwurz bis heute sogar noch lebend erhalten, und manchmal wird sie von den Wildbächen mit heruntergeschwemmt und blüht fröhlich auf den Flußschottern im Tale. Hier könnte es Verwechslungen und Fehlschlüsse geben, und man wird Fundorte und Fundschichten genau ins Auge fassen müssen. Hier zeigt sich schon, daß Lebensgemeinschaften zuverlässigere Klimaanzeiger sind als einzelne Arten, und so wird man an einem Fundplatz der fossilen Dryas octopetala auch nach den andern Vertretern der Dryasflora Ausschau halten.

Abb. 30. Zierliches Zwergbirkengesträuch als Eiszeiterinnerung im Schwarzlaich-Moor bei Schongau am Lech

Ein guter Klimaanzeiger als Einzelvertreter der Tierwelt ist der *Moschusochse*, eine Zwischenform von Rind und Schaf. Heute lebt dieser kälteharte Geselle in der Alten Welt nicht mehr, sondern nur noch in den kältesten Teilen Nordamerikas und auf Grönland. Seine Überreste aus dem Eiszeitalter finden sich aber an manchen Stellen West-, Mittel- und Osteuropas, sogar bis nach SW-Frankreich und nach Südrußland hinein. Als weitere zumindest heute ausgesprochene Kaltformen findet man Renntier, Vielfraß, Eisfuchs, Lemming usw. Und noch andere, heute wieder ausgestorbene Vertreter der „kalten" glazialen Fauna werden wir kennenlernen, die Zeitgenossen des Eiszeitmenschen waren.

Bei allen Einschränkungen lassen Fauna und Flora eine oder vielmehr mehrere Klimawandlungen während des Großen Eiszeitalters erkennen.

Einen Klimaanzeiger für das Große Eiszeitalter, der seiner Natur nach eindeutiger ist als die Lebewesen, finden wir in der *Lage der eiszeitlichen Schneegrenze*. Die Schneegrenze ist diejenige Höhengrenze, oberhalb derer der im Laufe des Jahres gefallene Schnee auch im Sommer nicht mehr wegschmilzt. Ein starkes Absinken dieser Grenze, also ein Herabsteigen „ewigen Schnees", ist zweifellos für die Ernährung von Vergletscherungen von großer Bedeutung. Denn das Vordringen der Gletscher hängt vom Eisnachschub aus dem Firngebiet ab und dieser von den dort vorhandenen Schneemengen. Diese Grenzlinie muß bestimmt sein durch Temperatur und Niederschlag. Örtlich gibt es natürlich von Jahr zu Jahr Änderungen: die Schneegrenze schwankt um einen Mittelwert. A. PENCK verglich eine große Anzahl von Örtlichkeiten, an denen sich noch heute die eiszeitliche Lage der Schneegrenze errechnen läßt. Er konnte 1936 für das eiszeitliche Europa während der letzten Vereisung eine um rund $8^0$C niedrigere Jahrestemperatur, als sie heute gegeben ist, fordern. Andere Erwägungen führten ihn später zu einem Wert von $10^0$C. Damit ist eine wichtige Grundlage geschaffen. Denn wenn auch andere Autoren Werte noch etwas darüber festlegen und das Ausmaß der *Temperaturminderung* naturgemäß gebietsweise verschieden ist, so haben wir doch damit einen Begriff von der Größenordnung der Temperatursenkung erhalten. Eigentlich sind wir erstaunt; im Grunde scheint es nicht einmal so viel zu sein, wie wir uns angesichts der riesigen Ausdehnung der Vergletscherungen des Großen Eiszeitalters erwartet hätten. Wir müssen uns die Temperaturverhältnisse aber doch vorstellen, wie heute etwa an der russischen Eismeerküste. Das Jahresmittel in Mitteleuropa scheint bei $0^0$ oder sogar $—2^0$C gelegen zu haben.

Das Studium der heutigen und der eiszeitlichen Schneegrenze und ein Vergleich zwischen beiden erlaubt noch manch andere Beobachtungen und Schlüsse. Die eiszeitliche Schneegrenze war gegenüber der heutigen in Europa um 1200—1300 m heruntergedrückt. Die heutige Schneegrenze reagiert auf die kleinste Schwankung von Temperatur und Niederschlag. Sie steigt in Europa nach Osten hin an, weil die feuchten Westwinde ihre Fracht schon weiter im Westen absetzten. Dasselbe tat sie auch während des Eiszeitalters.

Und noch eine sehr wichtige Beobachtung schließt sich an: wenn man die Lage der heutigen und der eiszeitlichen Schneegrenze um die ganze Erde herum verfolgt, so findet man, daß die letztere *überall* abgesenkt war, am meisten in den mittleren Breiten zwischen 45° und 65°. Als Betrag für diese Absenkung kommen 500—1500 m in Betracht. In sehr niederschlagsreichen Gebieten ist die Schneegrenze besonders stark erniedrigt. Die Absenkung der Schneegrenze um die ganze Erde herum, z. B. auch an den afrikanischen Vulkanriesen und die Auffindung von Eiszeitspuren, selbst in den äquatornahen Gebieten, spricht für eine gleichzeitige Temperaturerniedrigung auf der ganzen Erde. Sie spricht aber auch für die gleichzeitige Vergletscherung der Nord- und Südhalbkugel. Das wird zu einer sehr wichtigen Schlußfolgerung, wenn es um die Frage nach der Entstehung der Vereisungen geht.

Noch eine zweite Schlußfolgerung aus den obigen Ausführungen kann gezogen werden: die *Niederschläge* spielen für die Lage der Schneegrenze eine Rolle und somit nun erwiesenermaßen auch für das Zustandekommen der Vereisungen. Außer anderen Temperaturverhältnissen waren während des Eiszeitalters auch andere Niederschlagsverhältnisse gegeben. Es wird aber trotzdem meist angenommen, daß Europa mindestens während der Höhepunkte der Vereisungen weniger Niederschläge hatte als heute. Eine Hauptursache hierfür war die Absenkung des Meeresspiegels während der Vereisungen. Diese entzogen dem Meere sehr viel Wasser. Dadurch verlagerte sich die Meeresküste meerwärts weit nach Westen, und das Inland bekam ein kontinentaleres Klima mit weniger Niederschlägen. Die in der Nähe von Meeren gelegenen Länder haben naturgemäß sehr viel mehr Niederschläge als die im Innern der Kontinente gelegenen; in den ersteren sind auch die Temperaturgegensätze viel besser ausgeglichen, und Tag und Nacht und Sommer und Winter sind im atlantischen Klimabereich nicht so starken Gegensätzen unterworfen wie im kontinentalen Klimabereich. Auch die Lößbildung, von der noch die Rede sein wird, weist auf ein kontinentaleres Klima während der Vereisungshöhepunkte hin. Löß ist eine Ablagerung gelben Staubes über weite Gebiete, ein Produkt des Windes.

Es wurde aber auch die Meinung vertreten, daß eine Vereisung durch eine Steigerung der Niederschlagsmengen zustande kommen könne, auch ohne Temperaturminderung. Das läßt sich an den heute sehr niederschlagsreichen Küsten Großbritanniens und Irlands widerlegen. Ohne Temperaturminderung könnte es dort nicht zu einer Vergletscherung kommen. Und auch die Küste von Alaska müßte viel stärker vergletschert sein, als sie es tatsächlich ist, wenn die Niederschlagsmengen allein entscheidend wären! Andererseits gehen in sehr trockenen und sehr kalten Gebieten mangelnde Niederschläge wieder Hand in Hand mit fehlender oder schwacher Vergletscherung. Das richtige Zusammenspiel von Temperatur — insbesondere Sommertemperatur — und Niederschlag ist es, was entscheidet.

Ein dritter wichtiger Faktor sind die *Winde* und die vorherrschende Windrichtung. Während des Eiszeitalters gab es West- und Ostwinde genau wie heute. Die vom Atlantik herkommenden feuchtigkeitsbeladenen Westwinde waren Schneebringer und nährten die Vergletscherungen. An den Westseiten der Landmassen haben sie die eiszeitliche Schneegrenze besonders stark herabgedrückt.

Nun sind große Eismassen Kälteherde und haben noch eigene Auswirkungen auf die Klimaverhältnisse: sie verstärken gerade jene Einflüsse, die zu weiterer Vergletscherung führen. Die durch das Eis gebildete Landoberfläche liegt nun um Hunderte, sogar um Tausende von Metern höher als vorher. Die Gletscheroberfläche wirkt stark abkühlend auf die Lufttemperatur. An den Rändern der Eismassen wird sehr viel Wärme durch den Abschmelzvorgang verbraucht. Und die kalten trockenen Fallwinde, die von den Eiskuppeln und -domen abflossen, müssen ebenfalls die Temperaturen in der Umgebung der Eismassen herabgedrückt haben. Es würde zu weit führen, noch auf andere entsprechende Erscheinungen einzugehen. Es läßt sich aber jedenfalls alles bisher Vorgebrachte dahin zusammenfassen, daß, wenn die Großvergletscherungen auch vor allem durch eine allgemeine Temperatursenkung zustande kamen, es doch eine Anzahl weiterer Einflüsse gibt, die sie da fördern oder dort verhindern konnten.

Ein sehr eindrucksvoller Hinweis auf das Eiszeitklima geht aus neueren Untersuchungen hervor. Im Vorland der heutigen Alaska-Vergletscherung wurde *Dauerfrostboden* studiert, der durch sog. *Eiskeilspalten* ausgezeichnet ist. Das sind Frostrisse im Boden, die sich durch Bodeneisbildung noch erweitern. Auch in randlichen, immer eisfrei gebliebenen Gebieten des Nordischen Inlandeises in Mitteleuropa finden sich solche jetzt lößerfüllten Keilspalten in großer Zahl. Man kann und muß daher auch hier auf ehemaligen Dauerfrostboden schließen. Das bedeutet eine Jahresmitteltemperatur nicht über $-2^0$C. Dieser Wert wurde als Bedingung für die Entstehung solchen von Eiskeilspalten durchsetzten Dauerfrostbodens festgestellt. Lange und sehr kalte Winter sind für die Tiefe des Dauerfrostbodens bestimmend. Am heutigen Kältepol, bei Werchojansk in Nordostsibirien (nach neuesten Untersuchungen 650 km SW von Werchojansk am Oberlauf der Indigirka gelegen) beträgt die Dicke des Dauerfrostbodens mehr als 100 m, d. h., daß bis in solche Tiefen der Boden gefroren ist und niemals zum Auftauen gelangt.

Wir haben nun mannigfache Beobachtungen und Überlegungen erwähnt, die ein Licht auf das eiszeitliche Klima werfen können. Daß in jedem der einzelnen großen Vereisungszentren der Erde immer wieder andere lokale Umstände eine Rolle spielten, ist selbstverständlich. Wir können aber mit P. WOLDSTEDT, welcher das große deutsche Hauptwerk der letzten Jahrzehnte über das Eiszeitalter geschrieben hat, dahin zusammenfassen, daß nur eine gleichzeitige Temperaturminderung auf der ganzen Erde die einheitliche Absenkung der Schneegrenze befriedigend erklären kann. Es kommt noch eine weitere Überlegung hinzu. Man ist sich so ziemlich einig darüber, daß es für eine Vereisung nicht gleichgültig ist, für welche Jahreszeiten diese Temperaturerniedrigung hauptsächlich gilt. Wenn allein der Winter davon betroffen würde, so würde das die Vereisung vielleicht gar nicht einmal so sehr fördern. Denn ob die Temperaturen im Winter mehr oder weniger tief unter den Nullpunkt gehen, ist nicht so wesentlich, als wenn fehlende Wärme im Sommer nicht mehr genug Schnee und Eis wegschmilzt. Kalte Sommer müssen den Bestand der Gletscher erhalten und sogar ihr Wachstum fördern. Es wird deshalb ziemlich allgemein angenommen, daß besonders fehlende Sommerwärme und nicht ganz besonders große Winterkälte für die Bildung von Inlandeis verantwortlich ist. Als Beispiel wird meist Sibirien angeführt, wo sich die tiefsten Temperaturen, aber kein Inlandeis finden. Obwohl es eine um $8^0$C geringere Jahrestemperatur als das vergletscherte Südgrönland hat (oder doch hatte, denn die Erwärmung der Arktis in den letzten Jahrzehnten mag daran etwas ändern), ist es trotzdem frei von Gletschern, weil seine Sommertemperaturen höher als die Grönlands liegen. Selbstverständlich spielen hier auch die Niederschlagsverhältnisse mit, und wenn Sibirien vom Ozean umspült wäre, wie Grönland und nicht im Innern eines Riesenkontinents läge, stünde es mit den Eisverhältnissen dort auch anders. Wir werden aber sehen, daß diese Frage der kühlen Sommer im Zusammenhang mit der sog. Milankovitchschen Sonnenstrahlungskurve eine wichtige Rolle spielt.

Selbstverständlich gab es während des Großen Eiszeitalters auf der Erde auch verschiedene Klimazonen ebenso wie heute. Die *Klimagürtel* waren aber gegeneinander verschoben im Vergleich mit heute. Die großen Eismassen übten nicht nur in ihrer nächsten Nachbarschaft klimatische Wirkungen aus, ja beherrschten sogar diese Nachbarschaft klimatisch, sondern sie gewannen Einfluß auf das Klima auch in anderen Klimagürteln. Eine der auffälligsten Folgen sind die Zustände im Mittelmeergebiet während des Großen Eiszeitalters. Die vereisten Landmassen in den gemäßigten und polaren Breiten der nördlichen Halbkugel bewirkten mit ihren tiefen Temperaturen einen bewegteren Luftaustausch mit dem Mittelmeerraum. Da ein stärkeres Temperaturgefälle zustande kam, als es heute besteht, wurden die Zugstraßen der Tiefdruckgebiete nach Süden gedrängt und ins Mittelmeergebiet verlagert. An Stelle des wetterstillen, schönen Mittelmeerklimas, wie wir es heute bewundern, trat ein niederschlagsreicheres Klima und führte zu einer *Pluvial- oder Regenzeit.* Das heißt aber, daß sich das Eiszeitalter hier insgesamt, mit seinen eingeschalteten Warmzeiten, als ein mehrfacher Wechsel von Trocken- und Regenzeiten darstellte. Betroffen waren die Mittelmeerländer, Nordafrika, der Vordere Orient usw. Die Sahara hatte Pflanzen- und Baumwuchs und konnte bewohnt werden. Auch in den heutigen Trockengebieten des Westens der Vereinigten Staaten traten ähnliche Regenzeiten ein. All das läßt uns an die Sintflutsage denken, die eine Urerinnerung an dies Geschehen sein könnte. Die ältesten Überlieferungen stellen es als eine Folge schwerster Regen- und Überschwemmungskatastrophen dar. Nach archäologischen Befunden ist aber die biblische Sintflut in frühhistorische Zeit zu stellen.

Für die gesamte Erde wird eine Verlagerung der Tiefdruckgebiete nach Süden um etwa 15 Breitegrade angenommen. Die Seen in heutigen Trockengebieten standen sehr viel höher, die Flüsse waren wasserreicher.

An die Vorstellung einer großen Überflutung knüpft auch die aus dem Beginn der Eiszeitforschung stammende Bezeichnung „Diluvium" an. Man hielt zuerst die durch die Gletscher selbst abgelagerten Schuttmassen für Zeugnisse ehemaliger großer Überschwemmungen.

Nun dürfen wir aber nicht außer acht lassen, daß es während des Großen Eiszeitalters nicht nur arktische Klimazustände gegeben hat. Innerhalb jener, erdgeschichtlich gesprochen, nur kurzen Periode von 600000—1000000 Jahren, welche das Große Eiszeitalter umfaßt, muß sogar ein mehrfacher Klimawechsel eingetreten sein. Es gab also *Warm-* oder *Interglazialzeiten* (das Wort „Zwischeneiszeiten" wird heute aus sprachlichen Gründen abgelehnt). Wir kennen ebenso interglaziale wie glaziale Ablagerungen, d. h. Ablagerungen eisfreier Zeiten mit einem wärmeliebenden Tier- und Pflanzenleben, die sich zwischen glaziale, d. h. direkt oder indirekt vom Eise gebildete Ablagerungen einschalten. Es handelt sich dabei um Schieferkohlen, die oft auf ehemalige Bewaldung hinweisen, um Moor-, See- und Flußablagerungen, die nur da entstehen konnten, wo kein Eis mehr war. Die Interglazialzeiten waren also die warmen Zeiten innerhalb des Großen Eiszeitalters, welche Pflanzenwuchs und Tierleben in der Art des heutigen erlaubten. In manchen Gebieten folgten ihnen Vereisungen, in anderen gleichzeitig doch wenigstens eiszeitliche Klimaverhältnisse und damit Kaltzeiten. Mehrere solcher Interglazialzeiten sind bekannt. Sie haben sicher Jahrzehn- und eine von ihnen Jahrhundert-Tausende angedauert, und die vereisten Gebiete wurden währenddessen fast ganz oder ganz eisfrei. Niemand weiß, ob wir nicht heute auch nur in einer solchen Interglazialzeit leben.

Eine wärmeres Klima anzeigende Schicht, die zwischen zwei anderen Gesteinsschichten liegt, ist dann „interglazial", wenn die darunter und die darüber liegende Gesteinsmasse von Gletschern abgelagert wurde. So sind die Fundumstände am eindruckvollsten dann, wenn eine interglaziale Schicht zwischen zwei Moränenlagen eingeschaltet ist. Es kann auch sein, daß in der Nachbarschaft der heutigen Küsten in den Interglazialzeiten Meere ins Land eingedrungen waren. Dann liegen heute Meeresablagerungen, sogar mit Schalen von Meerestieren, auf dem Lande zwischen Moränen. Auch alte Verwitterungsrinden, entkalkte und verlehmte rötlichbraune Massen auf älteren Eiszeitgesteinen, bedeckt mit jüngeren Eiszeitbildungen, sprechen dieselbe Sprache. Sie zeigen, daß ehemals eine Landoberfläche durch lange, lange Zeiten allen Kräften einer warmzeitlichen Verwitterung ausgesetzt, also eisfrei war und dann wieder durch eine neue Vereisung überwältigt wurde. Mindestens 3 solcher Interglazialzeiten sind — wie schon gesagt — mit Sicherheit festgestellt. Ihr Klima ähnelte in gemäßigten Breiten dem heutigen und war wohl besonders während der vorletzten Interglazialzeit noch wärmer. In den Bildungen der ältesten Interglazialzeit finden sich noch Pflanzenarten aus der tertiären Flora.

Im Bereich der alpinen Vereisung gibt es eine berühmte Stelle, wo sich mit Sicherheit erkennen läßt, daß das Klima in der Großen Interglazialzeit um 2—3°C im Jahresmittel wärmer war als heute und die Schneegrenze um etwa 430 m höher lag. Es handelt sich dabei um das Vorkommen einer jetzt in Mitteleuropa ausgestorbenen Rhododendron-Art, einer Alpenrose, die noch im Schwarzmeer-Gebiet lebt und deren Reste zusammen mit denen anderer, dem pontischen Klima verbundener Pflanzen in den Schuttströmen am Hange des Karwendels über Innsbruck vorkommt. v. KLEBELSBERG erwähnt hierzu in seinem großen Werk eine sehr anschauliche Tatsache: in den Gartenanlagen auf der Talsohle bei 560 m M.H. bei Innsbruck vermögen heute diese Pflanzen nicht mehr ohne Schutz zu überwintern; in der Interglazialzeit gediehen sie sogar üppig bis in eine Höhe von 1200 m hinauf. Über solche Interglazialbildungen hören wir noch Weiteres in einem späteren Kapitel.

Viele Beobachtungen weisen auch darauf hin, daß das Klima während der Interglazialzeiten zeitweise feuchter war als heute.

Es hat aber auch noch andere, kürzer dauernde Unterbrechungen der eiszeitlichen Verhältnisse gegeben, die sog. *Interstadialzeiten*. Kürzer dauernde Gletscherrückzüge oder „Schwankungen" führten zu eisfreien Zeitabschnitten, die dann wieder einer neuen

Vorstoßzeit, einem neuen „Gletscherstadium" Platz machten. Wir werden auch darüber noch später etwas hören.

Wieviele Klimaänderungen muß nach alledem sogar die jüngste Erdgeschichte schon umfaßt haben!

## 5. Wie erkannte man die mehrfache Wiederkehr?

Es ist schon schwer genug, sich vorzustellen, daß wuchtige Eismauern da einst starrten, wo jetzt das grüne Hügelland wogt, die blauen Seen lächeln und das düstere Hochmoor seine urwüchsige Pflanzen- und Tierwelt zur Schau stellt. Und viel schwerer ist es noch einzusehen, daß all dies mehrmals verschwand, um neuem Eise Platz zu machen.

Zwischen Moränen finden sich aber Schichten mit Überresten von Pflanzen und Tieren, die unzweifelhaft in einem wärmeren Klima lebten. Sie weisen darauf hin, daß *„Eiszeiten"* mit *„Warmzeiten"* abgewechselt haben. Und auch andere Beobachtungen beweisen, daß das Eiszeitalter mehrere Eisvorstöße mit sich brachte, die in den heute gemäßigten Zonen von eisfreien Zeiten abgelöst wurden. Während dieser müssen die Eismassen mindestens wieder soweit wie heute abgeschmolzen sein.

Es können beispielsweise in die Schichtfolgen im Boden sogenannte *Verwitterungsschichten* eingeschaltet sein. Das sind braun bis rotbraun gefärbte Lehmlagen, die, allerdings nur bei günstigen Erhaltungsbedingungen, Meter-

Abb. 31. 1 m dicke Schicht aus Verwitterungslehm zwischen zwei Eiszeitschottern. Bei Palling/Obb. im Salzachgletschergebiet. E. E.

dicken erreichen. Solcher Lehm ist alles, was von Moränenschüttungen und Schottern übriggeblieben ist, nachdem diese Jahrzehntausende an der Erdoberfläche gelegen hatten und durch den Einfluß der warmzeitlichen Klimakräfte dort verwitterten.

Während der Bildungszeit derartiger Verwitterungsrinden kann kein Eis dagewesen sein, denn offensichtlich haben die Regen- und Schneewässer eines wärmeren Klimas an den Landoberflächen chemische Veränderungen hervorgebracht und die Gesteine zersetzt. So wurde der in früheren Moränen vorhandene Kalk durch die kohlensäurehaltigen Wässer herausgelöst, während andere Bestandteile der Moräne nur umgewandelt und zu einem unlöslichen Lehmrückstand wurden, der durch Eisenverbindungen braunrot gefärbt ist. In diesem blieben nur solche Gerölle erhalten, die aus Gesteinsarten bestanden, welche von Natur widerstandsfähig gegen alle Verwitterungslösungen sind, also beispielsweise Quarz. Die Verwitterungslösungen selbst gehen aus den Niederschlägen und den Stoffen, die sich im Wasser lösen wie die Kohlensäure der Luft, Humussäuren u. a. hervor und wirken dann gerade mit Hilfe dieser Säureanteile zersetzend auf das Gestein ein.

Ist ein solcher braun oder rötlich gefärbter Verwitterungslehm nun zwischen 2 noch frische Moränenschichten, die keine Braunfärbung als Anzeichen der Verwitterung zeigen, eingelagert, so kann dies doch nichts anderes bedeuten als 2 Gletschervorstöße, zwischen denen eine ausgedehnte Warmzeit lag. Denn daß die Bildung einer solchen Verwitterungsschicht Tausende und Zehntausende von Jahren in Anspruch nimmt, ist ohne weiteres klar. Es wird auch dadurch bewiesen, daß heute die im Bodenquerschnitt zu oberst liegenden jüngsten Moränenschichten, die erst seit Ende des Großen Eiszeitalters verwittern konnten, eine zwar braune, jedoch nur wenig dicke Verwitterungskruste aufweisen. Und doch wissen wir aus anderen Beobachtungen, daß schon an die 10 Jahrtausende und mehr vergangen sind, seit das Eis endgültig aus unseren gemäßigten Breiten verschwand. So lange waren sie also den Kräften der Verwitterung schon — oder sagen wir besser: erst? — ausgesetzt.

Und weiter müssen wir sagen: Nicht nur solche Erscheinungen im Schichtenbild wie Einlagerungen mit Tier- und Pflanzenresten eines gemäßigten oder sogar warmen Klimas und nicht nur Überreste von Verwitterungsschichten alssen auf die wiederholte Unterbrechung der Vereisung im Großen Eiszeitalter und mehrfache Wiederkehr der großen Gletscher schließen. Die Oberflächenformen im ehemals vereist gewesenen Gebiet erlauben dieselben Schlüsse.

Am deutlichsten wird das beim Vergleich verschiedener Moränengürtel. Die den zuletzt vergletschert gewesenen Räumen näherliegenden zeigen meist volle Formenfrische. Es ist eine bucklige Welt aus Kämmen und Kuppenreihen, aus langgestreckten elliptischen Hügeln, aus scharf begrenzten Senken und Becken, aus Terrassen und Schotterkegeln, aus Trockentälern mit scharf eingeschnittenen Rändern; zwischen ihnen liegen zahllose Moore und Seen, wie wir sie bei der Betrachtung des eiszeitlichen Landschaftsbildes kennen lernten.

Diesen frischen *Jungmoränenlandschaften* stehen meist weiter vom Vergletscherungszentrum abliegende *Altmoränenlandschaften* gegenüber, die einen ganz anderen Formencharakter tragen. Hier sind zwar mächtige Wallformen und auch Becken und Mulden vorhanden; es ist alles sehr massig entwickelt. Aber im einzelnen ist Hoch und Tief doch gegeneinander ausgeglichen und die Umrisse sind geglättet, weil eine dicke Lehmdecke alle Formen einhüllt. Die oben geschilderten Züge der Jungmoränenlandschaft, das starke, charakteristische Relief ist nicht mehr vorhanden. Seen und Moore sind verschwunden. — Eine solche dicke Lehmdecke weist auf eine Jahrzehntausende anhaltende Verwitterungstätigkeit hin. Es handelt sich um wesentlich ältere Moränenlandschaften, deren Entstehung viel weiter zurückliegt und deren ehemals energisch bewegtes Relief von den Klimakräften langer Zeiträume umgestaltet worden ist. Aber auch im inneren Aufbau sind Jung- und Altmoränen verschieden, selbst wenn sie aus genau denselben Ursprungsgebieten herstammen und aus denselben Gesteinsarten zusammengesetzt sind. Man sieht den Altmoränen ihr Alter an. Sie tragen auch noch unter der braunen Schicht von Verwitterungslehm, die sie deckt, bis tief hinunter Anzeichen von Verwitterung des Gesteins. Bei großem Gehalt an Kalkgeröllen und -geschieben sind sie zu *Nagelfluh* verbacken. Der durch die Verwitterungslösungen oben herausgelöste Kalk hat sich in tieferen Bodenschichten wieder ausgeschieden und dabei die an sich lockeren Moränenschüttungen verkrustet, zusammengebacken und verfestigt. All dies trifft besonders für die kalkreichen, aus den Alpen herstammenden Moränen zu.

Außer solchen Jung- und Altmoränensystemen, die in den ehemals vereist gewesenen Räumen immer wiederkehren, finden sich aber noch ältere Gletscherablagerungen, die gewöhnlich nur in Resten erhalten sind. Es sind ebenfalls Nagelfluhen oder Konglomerate, wie man die nachträglich verfestigten Moränen oder Schotter nennt. Wieder im Umkreis der Alpinen Vereisung spielen sie eine große Rolle. Im Isarland heißen sie „*Münchener Deckenschotter*". Wie aus dem Namen hervorgeht, sind sie deckenförmig ausgebreitet und stellen verfestigte Schotterplatten dar, aus Schottern aufgebaut, welche von den Schmelzwässern einer Vergletscherung einstmals abgelagert wurden. Oft liegen sie unter den jüngeren Moränen- und Schotterschüttungen, oder sie ragen als Reste inselförmig darüber hinaus. Es sind kompakte und äußerst tiefgründig verwitterte Nagelfluhen, schon wieder in Auflösung und im Abbau durch den „Zahn der Zeit", das ist hier die Verwitterung, begriffen. An günstigen Stellen im Gelände kann man

Abb. 32. Deckenschotter-Nagelfluh im Kalkgraben bei Tutzing am Starnberger See. E. E.

erkennen, daß auch sie dicke, rötlich getönte Lehmmassen tragen. Wenn ein ganzes eiszeitliches Schichtenpaket in einer Kiesgrube oder einem Nagelfluh-Steinbruch zu sehen ist, trennen manchmal solche Lehmlagen diese alten Konglomerate von den darüber liegenden nächstjüngeren. Sie müssen also noch älter sein als jene, die vielleicht selbst schon der zweitletzten, älteren Vereisung angehören. Wiederum während einer Warmzeit, die bereits vor der Ablagerung der Altmoränen eintrat, müssen sie so stark verwittert sein. An manchen Stellen durchsetzen röhrenförmige Verwitterungstrichter, die 8 oder 10 m Länge erreichen können, von oben bis unten diese uralten Nagelfluhbänke. Diese Röhren nennt man, sie mit Orgelpfeifen vergleichend, „*Geologische Orgeln*" (Abb. 41). Bei diesen sehr alten Konglomeraten haben wir es unzweifelhaft mit Rückständen einer Vereisung zu tun, die denjenigen der beiden Moränensysteme noch vorausging.

Insgesamt können wir aus alledem also bis jetzt schon auf 2 bedeutende Warmzeiten, welche 3 Vergletscherungen voneinander trennten, schließen. Und außer diesen konnte A. PENCK, der Meister der alpinen Eiszeitforschung, auch noch die spärlichen Überreste einer vierten, noch älteren Vereisung nachweisen. Er kam also auf 4 Eiszeiten während des Großen Eiszeitalters, die er am besten im Iller-Lechgebiet klarzulegen vermochte. Er benannte diese 4 Eiszeiten nach kleinen Flüssen im bayrisch-schwäbischen Alpenvorland in der folgenden umgekehrt alphabetischen Reihenfolge, wobei die Würm (aus dem Starnberger See) für die letzte, die „Würm-Eiszeit", Pate stand, die Riß (Württembergisch-Oberschwaben) für die nächst ältere „Riß-Eiszeit", die Mindel (Bayerisch-Oberschwaben) für die noch ältere „Mindel-Eiszeit" und die Günz (Bayerisch-Oberschwaben) für die älteste, die „Günz-Eiszeit". Es wurde dann später noch viel zu verbessern versucht, und andere Forscher bemühten sich um eine „Vollgliederung" des ganzen Eiszeitalters, d. h. sie ermittelten Eisvorstöße, welche die 4 Eiszeiten vielleicht noch unterteilten. Diese Untersuchungen sind aber noch nicht abgeschlossen. Wir werden später an einem Beispiel aus der Würm-Eiszeit sehen, worum es sich dabei etwa handelt.

Abb. 33. ALBRECHT PENCK, der Altmeister der Eiszeitforschung in Deutschland. Mittenwald 1939. E. E.

Das bis jetzt über die 4fache Wiederkehr der Vereisungen Gesagte bezog sich auf die alpinen Vereisungen und das Alpenvorland. Das vom Gletscher mitgeführte Moränen- und von seinen Schmelzwässern ausgebreitete Schottermaterial war sehr reich an Kalk. Die voralpinen Eismassen waren ja aus den Zentralalpen gekommen, hatten aber dann die Kalkalpen durchzogen und sich dabei stark mit dem Kalkschutt der letzteren angereichert. Dieser große Kalkgehalt war die Vorbedingung für die Verfestigung zu Nagelfluhen der älteren Ablagerungen. Diese Nagelfluhen erleichterten wieder die Gliederungsarbeit A. PENCKS. A. PENCK konnte die Dauer der zwischen den Vereisungen des Alpenvorlandes liegenden Warmzeiten mit Hilfe der Mächtigkeit der Verwitterungsschichten auf den Nagelfluhen der Riß- und der Mindel-Eiszeit schätzen. Er nahm für die letzte Warmzeit, also Riß-Würm, 60 000 Jahre an. Die vorletzte oder Große Interglazialzeit zwischen Mindel- und Rißeiszeit schätzte er auf 240 000 Jahre, während er der ältesten und ersten Warmzeit zwischen Mindel- und Günzeiszeit wieder 60 000 Jahre zubilligte.

Im Bereich der Nordischen Vereisung beruht die Gliederung auf etwas anderen Erscheinungen. Mit dem skandinavischen Inlandeis kamen andere, mehr quarzreiche Gesteine aus Fennoskandia herunter nach Norddeutschland. Kalke fehlten meist und Nagelfluhen bildeten sich daher im allgemeinen nicht. Auch dicke Verwitterungsrinden, die sich zur Gliederung im Alpenraum als sehr nützlich erwiesen, fehlen im Norden. Das hängt wohl auch mit dem anderen Gesteinscharakter des Moränenschuttes zusammen. Jedoch sind genügend Beweise dafür zu finden, daß auch die nordischen Gletscher mehrfach wiederkehrten und eine mindestens 3fache Vereisung Nordeuropas ist ganz gewiß. Hier wurden die Eiszeiten, mit alphabetisch geordneten Anfangsbuchstaben wie bei der Bezeichnung der alpinen Vergletscherungen Elster-, Saale- und Weichseleiszeit benannt.

Interglaziale Ablagerungen dienen hauptsächlich zur Gliederung der Nordischen oder nordeuropäischen Vereisung. Aber auch im Norden spielen in das Geschehen viel weiträumigere Veränderungen noch mit herein, nämlich die Schwankungen des Meeresspiegels während des Großen Eiszeitalters. Jede große Vereisung muß mit einem Absinken des Meeresspiegels verbunden gewesen sein, da ja ungeheure Mengen von Wasser in Form von Eis gebunden wurden; jede Warm- oder Interglazialzeit geht infolge des Abschmelzens gewaltiger Eismassen Hand in Hand mit einem erneuten Ansteigen des Meeresspiegels. Wir werden darüber noch Einzelheiten in dem Kapitel über die Geschichte des Mittelmeeres und der Ostsee erfahren. Im Raume der Nordischen Vereisung haben warmzeitliche Meeresüberflutungen, die dem Dahinschwinden der Gletscher folgten, auf dem festen Land ihre Ablagerungen hinterlassen, und die neu vorstoßenden Gletscher haben diese Ablagerungen wieder überschritten und mit ihren eigenen Bildungen, Moränen, Schottern usw., zugedeckt. Man findet also heute in nicht zu großer Küstenferne Meeresablagerungen zwischen glazialen Schichten: Ein deutlicher Hinweis auf die Geschehnisse. In Norddeutschland, in Holland und andernorts treten sie auf, sowohl aus der Interglazialzeit zwischen Weichsel- und Saale- wie aus derjenigen zwischen Saale- und Elstervereisung. In der Warmzeit zwischen Weichsel- und Saalevereisung hatte sich das nach einem holländischen Flüßchen benannte Eem-Meer und in der Warmzeit vorher, der Großen Interglazialzeit, die sog. Holsteinsee ausge-

Abb. 34. Verlandungszone eines Sees im Alpenvorland. E. E.

breitet. Beide nahmen vom Gletscher wieder freigegebene Landstriche ein. Sand mit Meeresmuscheln, Meereston usw. findet sich nun im holländischen und norddeutschen Tiefland in Küstennähe zwischen den Ablagerungen des nordischen Inlandeises.

Natürlich blieben Überreste vom Pflanzen- und Tierleben der beiden Warmzeiten auch auf dem Lande erhalten, häufig in Moor- und Seeablagerungen. Wie wir schon hörten, werden die zahlreichen Seen, welche die Vereisungen zurückließen, ein Opfer der Alterung und des natürlichen Wiederausgleichs des Flußgefälles. Die Flüsse schütten die Seen zu, wie wir es heute an ihren Deltas, etwa am Ammersee oder am Tegernsee beobachten, oder sie bringen die Seen auch zum Abfließen, indem sie die stauenden Riegel aus Moräne durchsägen. Zahlreiche der großen Schmelzwasserseen, die am Ende des Großen Eiszeitalters das Land bedeckten, sind auf diese Weise abgelaufen und wieder aus dem Landschaftsbild verschwunden.

Die Alterung der Seen kann aber auch eine einfache Verlandung mit Hilfe der Pflanzenwelt sein. Solche Verlandungen traten natürlich ebensogut während der Interglazialzeiten wie während der Nacheiszeit ein. Zunächst sinken abgestorbene Planktonreste auf den Seeboden hinunter. Dort reicht zu ihrer vollständigen Verwesung die Sauerstoffzufuhr nicht aus. Es bildet sich ein Sumpfmoor mit Hilfe von allen möglichen Sumpfpflanzen wie Binsen, Schilf, Schachtelhalm und der See wächst immer weiter zu. Durch solche Verlandungsvorgänge entstehen die Niedermoore, die noch dann und wann überschwemmt werden, wobei ihnen gelöste und andere Nährstoffe zufließen. Baumwuchs wird auf ihnen möglich; vor allem siedelt sich die Erle an. ·

Die weitere Entwicklung kann dann von den Niedermooren zu den Hochmooren führen. Das Vorkommen von Hochmooren kennzeichnet die Randzone der noch nicht allzulange gletscherfrei gewordenen Gebiete. Hochmoore bilden sich durch Versumpfung auf undurchlässigem Untergrund, beispielsweise auf den Tonböden ehemaliger Seen oder auch auf den Niedermooren. Sie bedürfen vor allem eines regenreichen Klimas (Norddeutschland 600—800 mm, Alpenrand 1 000 mm und mehr Niederschlag jährlich), denn das Torfmoos oder Sphagnum, auf dessen absterbenden Generationen jeweils die nachfolgenden schon wieder Fuß fassen, speichert das 20fache seines eigenen Gewichtes an Wasser. Man kann eine Hand voll davon ausdrücken wie einen nassen Schwamm.

Auch während der Interglazialzeiten verlandeten Seen auf diese Weise, und wenn die Verlandungsprodukte auch heute oft von jüngereiszeitlichen Schichten überdeckt sind, kann man sich aus ihnen doch ein Bild von Pflanzenwelt und Klima machen, wie sie damals bestanden.


## 6. Im weiten Umkreis der Vergletscherungen

Eine solche erdgeschichtliche Katastrophe, wie das Erscheinen großer Gletscher im Vorlande der Alpen und in der norddeutschen Tiefebene mußte weithin im Umkreis ihre klimatischen Wirkungen ausüben, auch da, wo das Eis selbst nicht mehr hinreichte.

Von den Erscheinungen, die große Inlandeismassen in den Randzonen mit sich bringen, machen wir uns am besten ein Bild

in den heutigen Polargebieten. Die schwerwiegendste Folge-
erscheinung des dort herrschenden arktischen Klimas, abgesehen
von den Vergletscherungen selbst, ist die *ewige Gefrornis des Bodens*.
Das besagt, daß bis in große Tiefen hinein der Boden dauernd
gefroren ist. Heute trifft das zu besonders für große Teile Sibiriens,
Alaskas, Canadas, für Grönland, Spitzbergen usw.; gerade die
nicht vergletscherten Gebiete sind der Bildung von Dauerfrostboden besonders ausgesetzt, während er unter dem Eis sich nicht
entwickelt ebensowenig wie unter einer dicken Schneedecke. Der
heutige Dauerfrostboden Sibiriens usw. wird auch nicht als ein
Überbleibsel der Eiszeit angesehen, sondern als ein Ergebnis des
jetzigen arktischen Klimas. Eine mittlere Jahrestemperatur von
—2°C, wie sie unserer mittleren Januar-Temperatur entspricht,
ist eine Vorbedingung. Der Boden kann im Sommer nicht
mehr so viel Wärme aufnehmen, wie er im Winter abgeben
muß. Im Sommer tauen nur die obersten Dezimeter oder Meter
auf, und in diesem Bereich des Auftaubodens über der dauernd
gefrorenen undurchlässigen Bodenschicht spielen sich allerhand
Vorgänge ab, die während des Großen Eiszeitalters auch in den
heute wieder gemäßigten Zonen Bedeutung gewannen. Denn damals umgürtete eine *Dauerfrostbodenzone* Teile des vergletscherten
Gebietes.

Ein Kennzeichen solch früheren Dauerfrostbodens sind — wie
schon erwähnt — vor allem sog. *Eiskeilnetze*. Zunächst bildeten
sich im gefrorenen Boden Frostrisse, die bei großer Kälte durch
Zusammenziehung entstanden. Im Sommer füllten sie sich mit
Wasser, das wieder gefror und sich dabei ausdehnte. Das Eis er-
weiterte den zunächst schmalen Frostriß, und der Vorgang wiederholte sich häufig beim Auftauen und Gefrieren. So konnten die
keilförmigen Spalten im Boden bis 2 m breit werden und bis
$2\frac{1}{2}$ m tief. Sie durchsetzten u. U. in Form eines ganzen Spalten-
netzes den Boden. War das Eis weggetaut, verfüllten sie sich mit
allerhand Bodenmaterial, das in sie hineinglitt. Solche ehemaligen
Eiskeile lassen sich noch heute in großer Zahl im selbst immer eisfrei gebliebenen Mitteldeutschland, z. B. in Thüringen, am Vogels-
berg usw. erkennen. Sie stellen einen Beweis für ehemaligen
Dauerfrostboden im Zwischenland zwischen der Alpinen und der
Nordischen Vereisung dar, und man kann nur die Würmeiszeit

für sie verantwortlich machen. Man kann die heute lehmerfüllten, keilförmig nach oben erweiterten Spalten im Längsschnitt an zahlreichen Kiesgrubenwänden beobachten. Im nahen Umkreis der alpinen Würm-Vereisung fehlen vielfach Eiskeile; vielleicht war das Klima zu maritim für die Ausbildung von Dauerfrostboden.

Ein anderer unter eiszeitlichen Verhältnissen sehr wirksamer Vorgang ist das sog. *Erdfließen*, das sich in den heutigen Polarzonen bestens beobachten läßt. Es handelt sich dabei um wasserdurchtränkte Erd- und Schuttmassen, die ins Fließen und Rutschen geraten. Besonders im Auftauboden über Dauerfrostboden, der ja eine gefrorene Gleitschicht darstellt, folgen solche Massen gerne der Schwerkraft, auch bei nur ganz geringen Hangneigungen. Solche Vorgänge müssen während des Großen Eiszeitalters im weiteren Umkreis der Vergletscherungen überall eine große Rolle gespielt haben. Wenn die Vereisungen wiederkehrten und mit ihnen Dauerfrost- und Auftauboden, dann wurden die im Vorfeld liegenden älteren Ablagerungen der Eiszeit stark davon betroffen. Das Erdfließen verflachte ihre Formen und füllte Mulden und Becken aus. So kam der Formenunterschied zwischen Jung- und Altmoränen zustande, von dem wir weiter oben schon berichteten.

Im eiszeitlichen Klima muß auch der *Spaltenfrost* besonders wirksam gewesen sein und viel zur Zertrümmerung der Gesteine und zur Anhäufung von Lockerschutt beigetragen haben. Bei strenger Winterkälte können wir beobachten, wie die feinsten Haarrisse, beispielsweise in Porzellangefäßen, durch Ausfrieren von Feuchtigkeitsspuren erweitert werden, bis das Gefäß auseinandergesprengt ist. Eis braucht mehr Platz als Wasser; daher die Sprengwirkung. Dasselbe geschieht nun mit Gesteinsblöcken und Geröllen, und die Einwirkung eines eiszeitlichen Klimas zeigt sich besonders an dem plattigen und scherbigen Zustand des Gesteinsschuttes. Die oft romantischen Felspartien in unseren niemals vereist gewesenen Mittelgebirgen beweisen, daß das Klima des Großen Eiszeitalters seine Wirkung ausgeübt hat. Felsenmeere und Blockströme gehen auf die gesteigerte Spaltenfrostwirkung in der Nachbarschaft des Nordischen Inlandeises zurück. Diese Blöcke kriechen und gleiten heute nicht mehr bergab, weil sie von Vegetation übersponnen und festgelegt sind. Natürlich konnten nur Blockbildungen aus harten, schwer verwitterbaren Gesteinen (besonders Granit) sich bis zum heutigen Tage erhalten.

Die Schotterterrassen, welche unsere Flüsse begleiten, sind auch ein Produkt des Eiszeitalters, auch da wo die Flüsse ein niemals

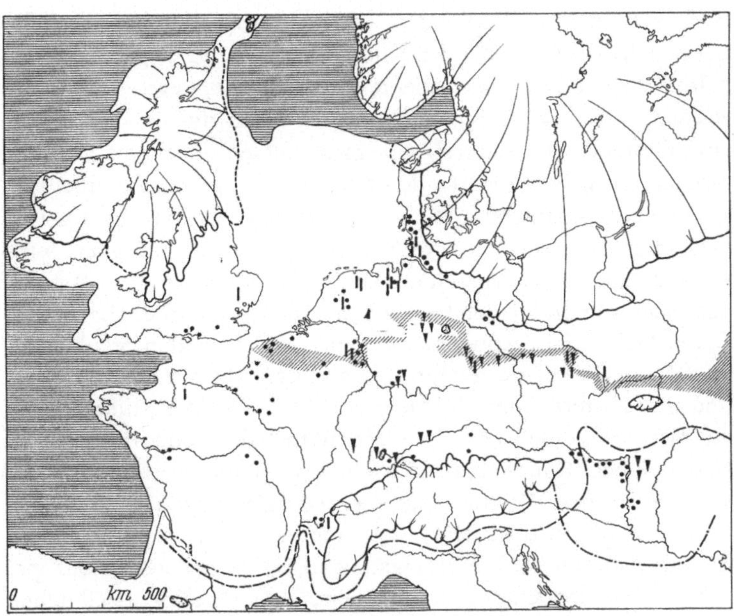

Abb. 35. Eiskeile als Klimaanzeiger für den Hochstand der letzten Vereisung in Mittel- und Westeuropa. Nach WEISCHET

selbst vereist gewesenes Gebiet durchfließen. Der Spaltenfrost hat im eiszeitlichen Klima sehr viel Gestein zertrümmert. Den Abtransport des Schuttes und seine Wiederablagerung mußten die Flüsse übernehmen. Häufig enthalten die oberen Schotterlagen in solchen Flußterrassen allerhand Überreste, wie Knochen und Schalen eiszeitlicher Tiere, und geben damit einen Hinweis auf das Alter dieser Terrassen.

Außer den wenigen hier aufgeführten Beobachtungen aus dem nicht vereisten Zwischenland, wie sie ähnlich auch in den Randgebieten des Inlandeises in Holland, in Nordamerika usw. gemacht werden, gibt es noch zahlreiche andere, die auch auf das eiszeitliche Klima hinweisen, welches vor Zehntausenden von Jahren diese Gebiete heimsuchte. Wir haben von all diesen Hinweisen nur die wichtigsten herausgegriffen.

Nicht nur die ewige Gefrornis und der Spaltenfrost mußten während der Vereisungen des Großen Eiszeitalters auch im Umland weithin ihre Wirkungen ausüben. Auch der Wind spielte bei den damals herrschenden Klima-, Boden- und Vegetationsverhältnissen eine sehr viel bedeutendere Rolle als heute. Dieser eiszeitlichen Windwirkung verdankt vor allem die Landwirtschaft ein „Gestein", das sie bestimmt nicht missen möchte, weil es ihr ihre besten Böden liefert: den *Löß*. Er ist zwar nicht eine ausschließlich eiszeitliche Ablagerung. In den Ländern des Ostens, besonders Innerasiens, in der Nachbarschaft großer Wüsten, wird er noch heute weitergebildet. Der Staub wird aus den Wüsten herausgeweht und in den benachbarten Steppen wieder abgelagert. Dabei bieten die Steppengräser dem niederfallenden Staub Halt, so daß er sich ablagern kann. Sie wachsen weiter mit nach oben, und ihre absterbenden Wurzeln und Halme sind es, die dann zu der merkwürdigen sog. „Kapillarstruktur" des Lößes führen, d. h. zu den feinen Röhrchen, die ihn allenthalben durchsetzen. Er stellt also den aus den Wüsten ausgeblasenen Feinstsand dar, der sich in China bis 500 m hoch anhäufen kann. Der Löß in Deutschland ist aber während der Eiszeit entstanden, wie auch sonst in Europa.

Beim Löß handelt es sich um einen staubartig feinen, gelblichen Mehlsand, der vorwiegend aus kleinsten Quarzkörnchen besteht. Sie sind von einer feinen Kalkrinde umgeben. Es ist sehr bezeichnend für ihn, daß unter den winzigen Körnchen, die ihn zusammensetzen, eine ganz bestimmte Größe vorherrscht, nämlich die von 0,05—0,01 mm. Wenn der Lößstaub der Verwitterung ausgesetzt ist, dann wird der in ihm enthaltene Kalk aus den oberen Partien herausgelöst und weiter unten — in tieferen Schichten — in knollenartigen Anreicherungen, den sog. Lößkindln wieder ausgeschieden. Das kalkfreie Verwitterungsprodukt ist der braune *Lößlehm*. Unter „*Boden*" versteht man wissenschaftlich nur die obersten Bodenschichten, die dem Pflanzenleben dienen. Die Bildung der „Böden" ist weitgehend vom Klima eines Landstriches abhängig; so entsteht in einem der Bodenbildung günstigen

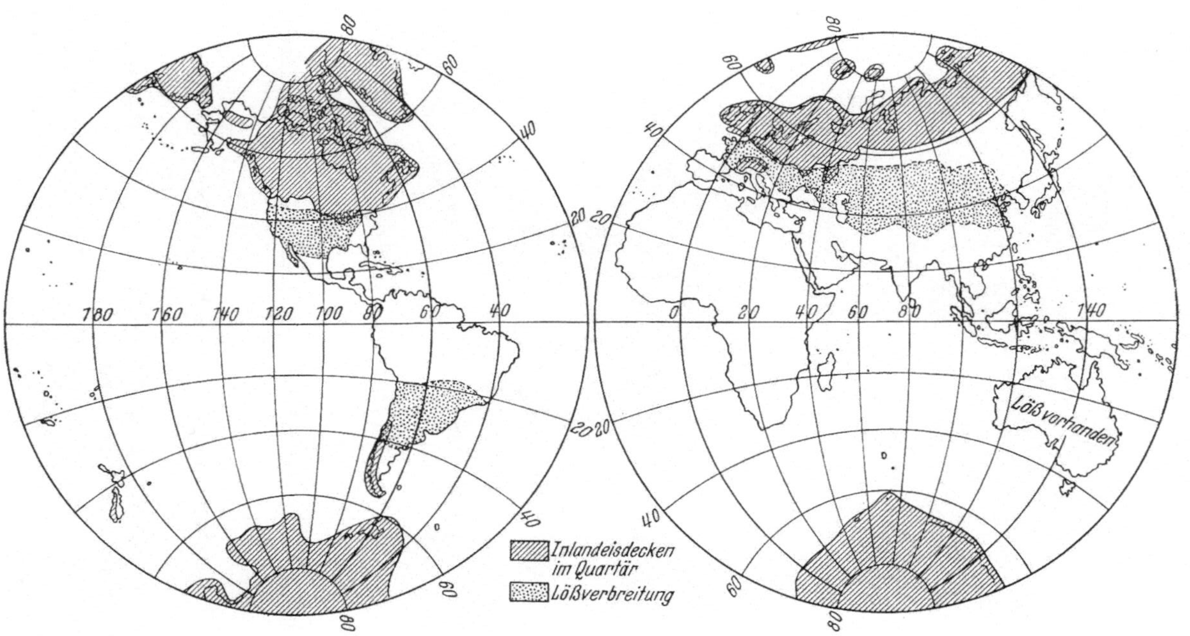


Abb. 36. Im Großen Eiszeitalter vereiste Gebiete der Erde und Lößverbreitung. Nach REINIG

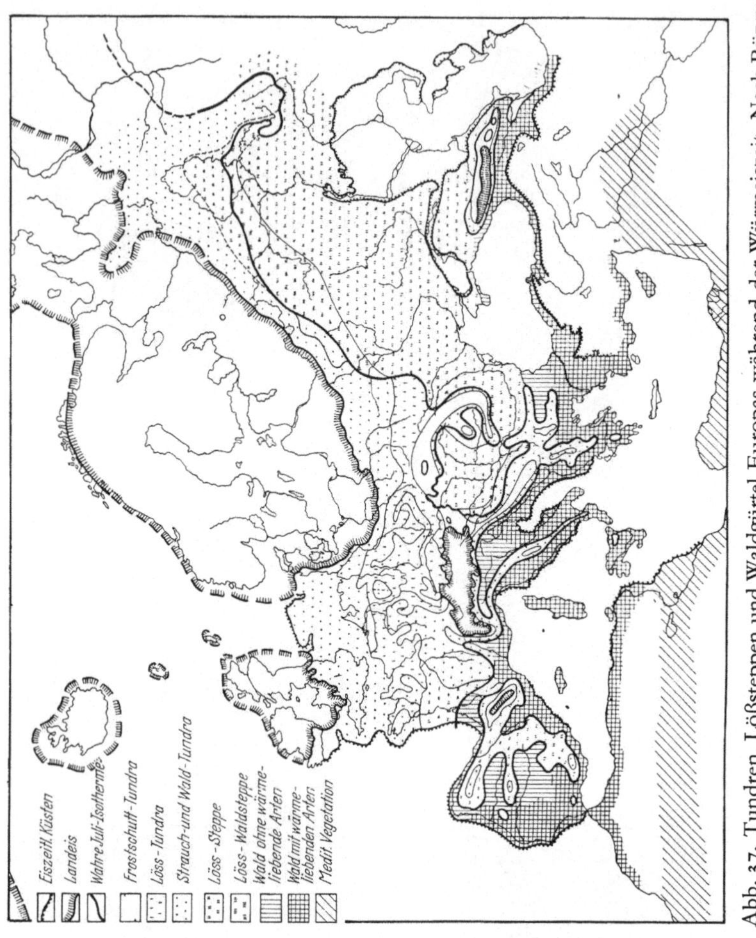


Abb. 37. Tundren, Lößsteppen und Waldgürtel Europas während der Würmeiszeit. Nach BÜDEL.

halbtrockenen Steppenklima, wie es beispielsweise die Ukraine besitzt, auf dem Löß die beste Bodenart überhaupt, die *Schwarzerde*. Diese hervorragende Bodenart reicht nach Deutschland bis in die Magdeburger Börde hinein.

Sowohl die Nordische als auch die Alpine Vereisung haben, ebenso wie die Vereisungen Nordamerikas, Lößablagerung mit sich gebracht.

Wo Löß ist, sind häufig auch sog. *Windkanter* zu finden, Gerölle mit mehreren, vom Winde angeschliffenen Kanten, genau von derselben Art, wie man sie heute an der Meeresküste und in den Wüsten findet. Sie weisen auf die starke Windarbeit hin, die, mit Hilfe von Sand als Schleifmittel, mit der Zeit sogar dem Stein bezeichnende Formen zu verleihen vermag.

Aufschlußreich ist auch die *Tierwelt*, deren Überreste *im Löß* gefunden werden. Sie gibt einen Hinweis auf das Klima, ebenso wie auf den geographischen Charakter der Landschaft zur Zeit der Lößbildung. Besonders birgt der Löß immer wieder 3 bestimmte Arten winziger Landschnecken. Vor allem gehören aber auch zu ihm typische Säugetiere, die auf ein kaltes Klima hinweisen. Da taucht das Renntier und der Moschusochse auf, das Mammut, der Steppenbison, das Wildpferd kommen dazu. Und ganz besonders eine Anzahl von Nagetieren wie der selbstmörderische Lemming, das pfeifende Murmeltier, der Pferdespringer, der Zwergpfeifhase, das Ziesel usw. unterstreichen die Beziehung der Lößgebiete zu den Steppen des Ostens, wo diese Tiere auch heute vorkommen.

Es haben also unzweifelhaft während des Großen Eiszeitalters öfters auch in Europa für die Lößbildung geeignete Bildungsbedingungen bestanden. Die heutige Rolle der Wüsten spielten damals die weiten, vegetationslosen Sander, die Schotterflächen der Gletscherflüsse. Besonders lieferten aber die Hochwasserabsätze der Mittelgebirgsflüsse und all der nackte Gesteinsschutt, der durch die Frostzertrümmerung angehäuft war, Material. All dieser ausgewehte Staub wurde dann an anderen Stellen in Lee von Vorsprüngen, an Talflanken usw. wieder abgelagert.

Die Lößbildung war jeweils an den höchsten Stand der Vereisungen geknüpft, an eine Zeit, in der das Klima kontinental, kalt und trocken war.

Etwas jüngeren Alters als der hocheiszeitliche Löß sind die *Binnendünen*, die in den Randzonen der Nordischen Vereisung, in Norddeutschland, im Warthegebiet und an anderen Stellen auftreten. Auch sie sind an die Sander und die breiten, sanderfüllten Urstromtäler gebunden, die den Dünensand lieferten. Denn die Entstehung dieser Dünen hing mit den während des Eiszeitalters aufgeschütteten Sandmassen zusammen, wie heute die Küstendünen mit dem Meeressand zusammenhängen. Die norddeutschen Binnendünen unterscheiden sich von den Küstendünen dadurch, daß ihre Entwicklung bald nach dem Ende des Eiszeitalters ein Ende fand. Es läßt sich dies durch vorgeschichtliche Funde und durch Blütenstaubuntersuchungen von Humusbildungen auf den Dünen mit Bestimmtheit nachweisen.

## 7. Die vereisten Gebiete: Europa, Amerika und die übrige Welt

Im Rahmen dieses Büchleins vermögen wir nicht mehr als nur einen Überblick über die ehemaligen Hauptvergletscherungsgebiete der Erde zu geben. Auch da, wo seit Jahrzehnten eindringlich geforscht wurde, ist die Erkenntnis von heute erst Stückwerk und erst die Forschung weiterer Jahrzehnte wird die vielen bis jetzt vorhandenen Teilstücke zu einem einheitlichen und vollständigen Gesamtbilde zusammenfügen können. Die Zusammenarbeit der Eiszeitforscher aller Nationen, wie sie die „Internationale Quartärvereinigung" ermöglicht, läßt das erhoffen.

Die bislang am besten bekannten Vereisungsgebiete im Großen Eiszeitalter sind die Alpen und ihr Vorland, die vom Nordischen Inlandeis überzogenen Räume Europas und das Gebiet der Nordamerikanischen Vergletscherung. Doch waren besonders auch zahlreiche andere Hochgebirge vergletschert und besitzen den alpinen entsprechende Eiszeitlandschaften. Sie sind noch nicht überall genügend bekannt. Pyrenäen, Zentralplateau, Apenninen, Karpathen, Kaukasus, zentralasiatische Gebirge, Cordilleren, Patagonien, Feuerland, Ostafrika, Tasmanien, die südliche Insel von Neuseeland u. a. trugen Vergletscherungen oder waren stärker vergletschert als heute. Zahlreiche Mittelgebirgslandschaften, soweit sie über die klimatische Schneegrenze aufragten, bergen manchmal umstrittene Bildungen, die Erinnerungen an eiszeitliche Gletscher darstellen.

Eines der klassischen Gebiete der Eiszeitforschung sind die *Alpen und ihre Vorländer.* Hier haben Schweizer Gebirgsbewohner schon vor mehr als 100 Jahren erkannt, daß ehemals die Gletscher viel weiter ausgedehnt waren und hier haben die deutschen Forscher A. PENCK und E. BRÜCKNER ihr imposantes Werk „Die Alpen im Eiszeitalter" geschaffen. Es ist zur Grundlage und zum

Ausgangspunkt zahlreicher weiterer Forschungen und Gliederungen des Eiszeitalters in aller Welt geworden. Schweizer und Oesterreicher, Franzosen und Italiener haben diese Arbeiten im Alpenraum auf bedeutungsvolle Weise ergänzt. So ist für diesen Raum doch schon ein großzügiges, wenn auch nicht immer einheitliches oder gar vollständiges Bild entstanden. Es sind besonders die Vorländer des Alpengebietes, die, wie wir schon sahen, zur Gliederung des Großen Eiszeitalters und zum Verständnis seiner einzelnen Abschnitte beitragen konnten.

Sowohl der *südliche* wie auch der *nördliche Alpenrand* werden von großartigen Eiszeitbildungen begleitet. Im Rahmen dieses Büchleins werden wir uns aber auf einen kurzen Überblick über die Erscheinungen im nördlichen Alpenvorland beschränken, weil die Erforschung des Südalpenrandes noch nicht weit genug fortgeschritten ist. Weder sind von dort Monographien der einzelnen Gletscherfächer, noch zusammenfassende Darstellungen aus jüngerer Zeit vorhanden. Von schweizerischer und italienischer Seite werden zur Zeit Untersuchungen dort durchgeführt. Daß die Erscheinungen: Zungenbecken mit großem Alpenrandsee und Endmoränenumwallung grundsätzlich denen des nördlichen Alpenrandes entsprechen, hörten wir schon. Es dürften aber auf der Südseite der Alpen Drumlins, Oser und sonstige Rückzugserscheinungen viel weniger gut vertreten sein als auf der Nordseite. Die Gletscher konnten sich hier nicht so weiträumig ins Vorland hinein ausbreiten; dafür türmten sie aber ihre Ablagerungen umso höher auf.

Weit besser sind wir also unterrichtet über die Vorlandvergletscherung am nördlichen Alpenrand. Die Gletscher ließen hier Ablagerungen zurück, deren Mächtigkeit oder Dicke auf durchschnittlich etwa 70 m geschätzt wird. Seit den „*Alpen im Eiszeitalter*" sind zahllose Abhandlungen erschienen, die Einzelprobleme des Gebietes aufrollen oder monographische mit geologischen Karten ausgestattete Darstellungen geben[1].

---

[1] Zur Durchführung etwaiger Wanderungen der Leser seien hier die *Monographien* mit Karten aufgezählt:

Im Rheingletschergebiet hat die Badische und Württembergische Landesaufnahme (L. ERB, W. SCHMIDLE, M. SCHMIDT, F. WEIDENBACH u. a.) Vorbildliches geleistet.

Es handelt sich dabei um eine Anzahl von Kartenblättern 1:25 000, welche die eiszeitlich geformten Gebiete um den Bodensee herum wiedergeben. Aus

Die im nördlichen Alpenvorland entwickelten „*Glazialen Serien*" wurden schon in Kapitel 3 als Grundlage für das Verständnis der Eiszeitlandschaften in den Gebirgsvorländern bezeichnet. In jedem der einzelnen Gletscherfächer des nördlichen Alpenvorlandes tritt diese Anordnung, wenn auch von Ort zu Ort abgewandelt, in Erscheinung. Die großen, weit ins Flachland vorgeschobenen Moränenkränze sind überall zu finden. Am weitesten nach außen gerückt sind meist Reste von *Altmoränen*, die sich an ihren verwaschenen Formen, tiefgründiger Verwitterung, Konglomerierung und Lößlehmbedeckung erkennen lassen. Es sind meist Riss- aber auch, oft sogar am weitesten vorgeschoben, Mindelmoränen. Die ehemaligen Wallmoränen der Günzeiszeit sind als solche nicht mehr zu erkennen.

In größerer Nähe des Alpenrandes schließen dann die Moränenzüge der Würmeiszeit an, bewegt und unregelmäßig geformt, frisch und nur mit einer verhältnismäßig geringmächtigen Verwitterungsrinde bedeckt. Die *Würmendmoränengürtel* im nördlichen Alpenvorland bestehen meist aus 2 nah hintereinander aufschließenden Hauptmoränenwällen, in Bayern als „Kirchseeoner" und „Ebersberger Phase" bekannt. Weiter einwärts folgen dann die *Zweigbecken*, die meist Seen enthalten und schon in den Bereich der Grundmoränenlandschaft zurückgreifen. In der Nähe des Zweigbeckenrandes lassen sich da und dort noch *Reste eines älteren*, nachträglich noch einmal vom Eise überfahrenen *Würmvorstoßes* nachweisen. Sie bestehen aus Moränen, Schottern und Deltas, die unter der Grundmoränendecke der Hauptwürm-Vergletscherung

dem Lech-Illergletscher gibt es eine Kartenskizze von B. Eberl 1:250000. J. Knauer hat im Rahmen der Bayerischen Landesaufnahme die Umgebung der Ammersee- und Starnbergersee-Gletscherzungen und damit Ausschnitte aus dem Isargletschergebiet im Maßstab 1:100000 kartiert. Hier hatte A. Rothpletz 1917 schon Vorarbeit geleistet mit seiner Erkundung über den Isarvorlandgletscher und das Osterseengebiet südlich des Starnbergersees. Eine Spezialkartierung des letzteren im Maßstab 1:25000 liegt bei. E. Ebers schloß eine Kartierung des Eberfinger Drumlinfeldes im selben Maßstab an. C. Trolls große Monographie des Inn-Chiemseegletschers 1:100000 und die kleine monographische Darstellung der bayrischen Traungletscher mit Karte 1:25000 von E. Ebers sind hier weiter zu erwähnen. Die schweizerische Landesaufnahme (Bl. Beromünster von J. Kopp, Bl. Thun von P. Beck u. a. 1:25000) und die österreichische Landesaufnahme (Bl. Salzburg von A. Götzinger 1:50000, Bl. Tittmoning und Bl. Mattighofen 1:75000) führen in weitere Glazialgebiete im West- und im Ostteil des nördlichen Alpenrandes.

verborgen liegen. Eine frische Rückzugsrandlage, im Inn- und Salzachgebiet „Ölkofener Phase" benannt, ist diesem überfahrenen Moränengürtel eng benachbart. Die Kartenskizzen des Inngletschers von C. TROLL weisen auf die Gliederung der Hauptwürmmoränen, solche von J. KNAUER und E. EBERS auf das ältere Würmstadium hin.

Vor allen Alpentoren lagen größere oder kleinere Eiskuchen. Sie hatten sich im östlichen bayrischen Alpenvorland zu regelmäßigeren Eisfächern ausbreiten können als im westlichen Teile. Denn besonders im Allgäuer Vorlande hatte die Alpenfaltung auch noch

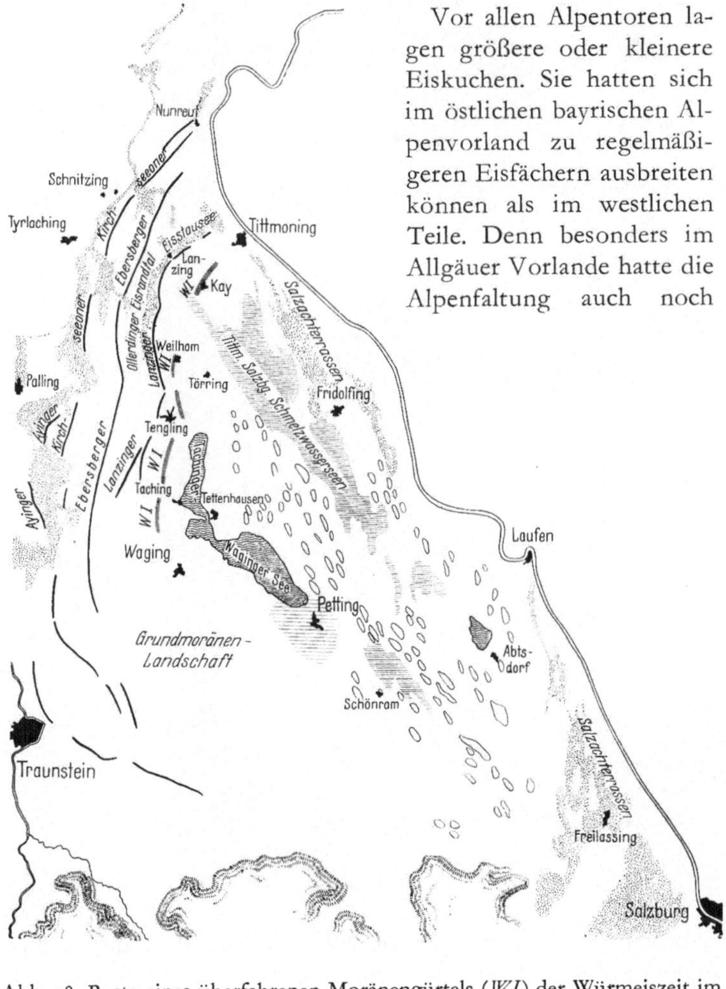

Abb. 38. Reste eines überfahrenen Moränengürtels (*WI*) der Würmeiszeit im Gebiet des bayerischen Salzachvorlandgletschers. E. E.

jüngere Tertiärschichten mitergriffen und zu Riegeln und Rippen
aufgerichtet, die quer vor der Abflußrichtung des Eises lagen.

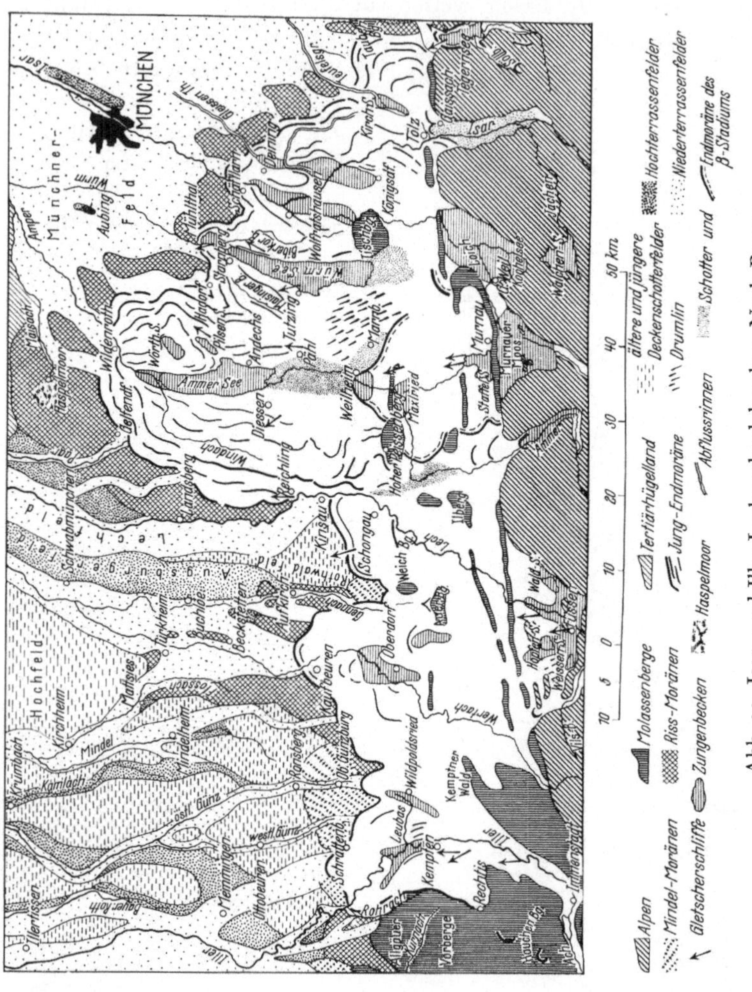


Abb. 39. Isar- und Iller-Lechvorlandgletscher. Nach PENCK

Sie boten ein Hindernis für die Eisströmung und mußten um-
gangen und überflossen werden. Das war besonders der Fall
im Gebiete des *Iller-Lech-Vorlandgletschers*. Am modellschönsten

ausgebildet war der westliche Sektor des *Inngletschers.* Dieser
Gletscher war weit ins Vorland hinaus vorgestoßen. Innerhalb
seiner Endmoränenkränze greifen wie die Speichen eines Rades

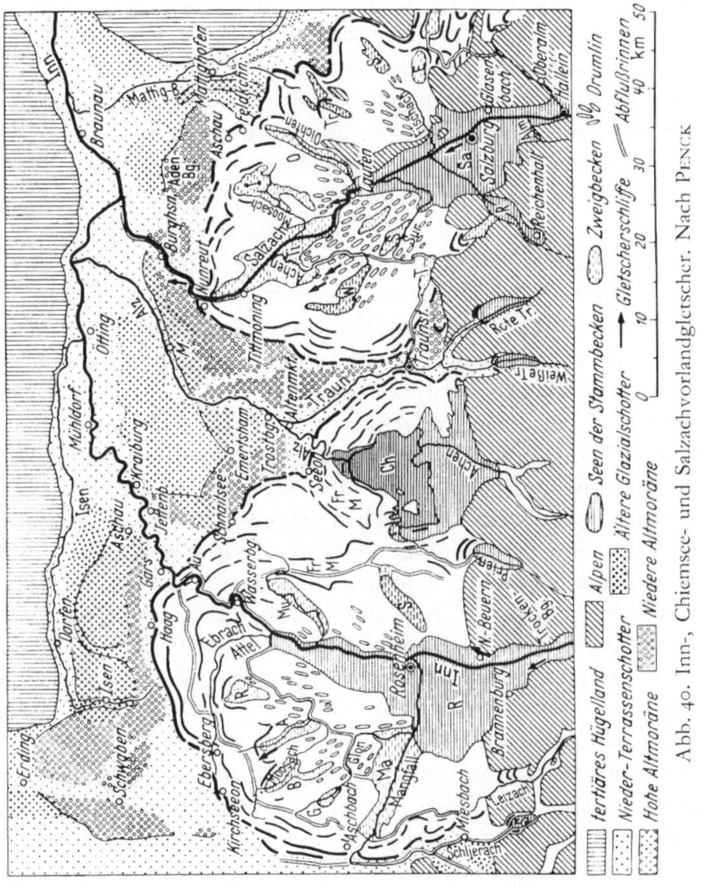

Abb. 40. Inn-, Chiemsee- und Salzachvorlandgletscher. Nach PENCK

eine Anzahl von *Riedeln* — das sind Streifen erhöhten Geländes — zurück auf das Rosenheimer Stammbecken hin. Sie bergen zwischen sich die zungenförmigen, von diesem Stammbecken ausstrahlenden Zweigbecken. Hinter den Hauptendmorä-
nenwällen zieht vor der äußeren Spitze der Zweigbecken ein

63

*Schmelzwassertalzug* entlang, der vom Alpenrand bis zur äußersten Stirne den abschmelzenden Gletscher halbkreisförmig begleitete. Auch auf dem Ostsektor des Inngletschers ist er noch zu erkennen. Landschaftlich besonders reizvoll ist das hocheiszeitliche *Gletschertor von Seeon* an der Grenze von Inn- und Chiemseegletscher. Es stellt mit seinen Osern und Seen und dem hoch über seinem Boden ansetzenden Schotterkegel oder Sander ein vollendetes Gegenstück zu den zahlreichen Gletschertoren der Nordischen Vereisung etwa in Schleswig-Holstein oder an den Havelseen dar. Ein ähnliches Bild wie der Inngletscher bot auch der *Salzachgletscher*. In beiden Fällen hatten die Eismassen ein Stück Vorland vor sich, wo sie sich — mehr oder minder — unbehindert ausbreiten und die innern Gesetze der Eisströmung in der Art der Eisausbreitung sich am besten ausdrücken konnten.

Zu jener Zeit während der Würmvereisung, als sich der Eisrand schon bis auf die innere Randlage der „Oelkofener (Lanzinger) Phase" zurückgezogen hatte, begannen bereits die großen *Eisstauseen* zu entstehen, mit denen sich der Beginn der „Großen Seenzeit" ankündigt. An der Spitze der zurückweichenden Vorlandgletscherzungen, zwischen den Hauptendmoränen und dem Eisrande, stauten sich die aus den Schmelzwasserzügen kommenden Gewässer. Je weiter sich der Eisrand zurückzog, desto größer wurden die Seeflächen. Gleichzeitig senkten sich die Seespiegel mehrfach ruckartig ab. Erst als die Flüsse sich wieder tiefer einschneiden konnten, verhalfen sie diesen Seen zum Ablaufen oder beschränkten sie doch auf die heutigen Spiegelhöhen. Seeablagerungen aus dieser Zeit sind in allen Gletschergebieten des nördlichen Alpenvorlandes wiederzufinden, ganz besonders reichlich entwickelt im Rhein-, Inn- und Salzachgletscherraum. Hier sind große Kieslager in Form von Deltas und oft auch gebänderte Seetone in großer Mächtigkeit angehäuft. Von den vier einstmals seeerfüllten Zungenbecken des *Isarvorlandgletschers* sind zwei, das Wolfratshauser und das Tölzer Becken, wieder entleert worden. Die meisten der großen Seen des Vorlandes sind Zweigbeckenseen wie Ammer-, Würm- und Waginger-Tachinger See. Sie alle standen nach der Eiszeit viel höher als heute; der *Ammersee* um 25 m, der *Würmsee* um 15—20 m und der *Waginger-Tachinger See* um 19 m.

Die hinter den Endmoränen liegenden *Grundmoränenlandschaften* sind in fast allen nördlichen Voralpengletschern mit *Drumlinzügen* ausgestattet. In der Schweiz können damit besonders der Rhône- und der Rheingletscher aufwarten. Rings um den Bodensee herum, auch auf der deutschen Seite und besonders auf dem Bodanrücken sind klassisch schön gestaltete Drumlinlandschaften vorhanden. Auch Iller-Lech- und der Isargletscher (Eberfinger Drumlinfeld) sowie Inn- und Salzachgletscher sind damit versehen. Die Drumlins des Inn-Chiemseegletschergebietes sind jedoch auffallend schlecht entwickelt und unfertig. Dafür besitzt dieser Raum das landschaftlich herrliche *Toteisgebiet* der Eggstätter Seen bei Rimsting; der Isargletscher kann dem das nicht minder reizvolle Gebiet der Osterseen bei Seeshaupt entgegenstellen. Mit diesen Toteislandschaften sind wieder Os- und Kamebildungen verknüpft.

Den Alpentoren am nächsten liegen die eigentlichen *Stammbecken*, welche durch die hier am mächtigsten werdenden Gletscher sehr stark eingetieft worden waren. In Jahrhunderttausende während Bemühung hatte das Eis hier am Felsuntergrund geschürft und geschabt und vielleicht schon vorhandene Becken vertieft und ausgehobelt. Vielfach wurden sie sogar gegenüber ihrer Umgebung „übertieft". Das führte dazu, daß heute die nicht übertieften Seitentäler in Stufen mit Wasserfällen und Klammen münden. Auch die Stammbecken waren früher seeerfüllt und können es noch heute sein. Das Chiemseegletscher-Stammbecken enthält den *Chiemsee*, das Rheingletscher-Stammbecken den *Bodensee*. Häufig nehmen aber auch große Moore den Platz der ehemaligen Seen ein, wie das Murnauer Moos, die Rosenheimer Möser u. a.

Bei den Seen denken wir auch an die *Flüsse*, deren Geschichte im Alpenvorland sich besonders abwechslungsreich gestaltete. Ihr heutiger Lauf kam fast immer zustande als eine Folge des Eiszeitalters und sie haben ihn meist erst nach dessen Abschluß gefunden. Vorgezeichnet wurde er manchmal durch den Abfluß der großen Stauseen. Manchmal nahmen sie aber auch wieder einen ganz anderen Verlauf. Die eigenartigsten Verlagerungen und Umwege kamen vor. Wir hörten schon von den Flußknien und der Umkehr des Flußnetzes zu Ende des Eiszeitalters. Die *Iller* durchfloß das Memminger Trockental, bevor sie sich das

prachtvolle Durchbruchstal bei Altusried nördlich Kempten schuf
und auch andere Talschluchten, wie die der *Salzach* zwischen
Tittmoning und Burghausen zeugen von den notwendig gewordenen Flußverlegungen. Die eiszeitliche Salzach war im Bereiche
des österreichischen Weilhart-Forstes abgeflossen. Auch die großartigen Terrassenlandschaften des *Inn* bei Gars und des Lech bei
Schongau stellen Ausgleichsbildungen und Formen des Schutt-
absatzes beim Rückzug der Gletscher dar. Man kann nur be-
dauern, daß viele dieser einzigartigen Dokumente aus der erdgeschichtlichen Vergangenheit des Alpenvorlandes noch in letzter
Stunde, zu Beginn des Atomzeitalters, zugunsten der Kraft-
gewinnung für immer verunstaltet oder gar zerstört worden sind.

Die eiszeitlichen *Trockentäler* liegen heute still und verlassen,
nachdem sie zu Ende der Würmeiszeit von gewaltigen Wassermassen durchbraust worden waren. Da ist das *Gleißental* südlich
München und der *Teufelsgraben* bei Holzkirchen. Ihre Wurzeln
greifen bis auf den Rand des Moränengebietes zurück. Von diesen
aus erstrecken sich die Talfurchen noch ein Stück weit in die
Schmelzschotterfluren hinein, die das Moränenrund auf der Außenseite begleiten. Sie dienten nicht nur dem Ablauf der nun ver-
siegten Schmelzwässer, sondern auch demjenigen eiszeitlicher
Seen.

Nicht alle der voralpinen Gletscher waren gleich gut aus dem
Eisstromnetz der Alpen ernährt: der *Iller-Lech*gletscher vor allen
brachte kein oder nur wenig Gesteinsmaterial aus den Zentralalpen mit. Denn seine Zuströme reichten gar nicht bis dort hinauf
und so findet man in seinen Moränen und Schottern nur die
Gesteinsarten der näheren Umgebung wieder, weil er vorwiegend
von lokalen Gletschern, die auf den hohen umliegenden Gebirg-
stöcken wurzelten, gespeist war. Damit wird wohl auch zusammenhängen, daß im Iller-Lechgletschergebiet die würmzeitlichen Bildungen sich so viel besser von den ältereiszeitlichen abtrennen
lassen und dadurch die Gliederung und der Nachweis der vier
Eiszeiten in diesem Gebiet für A. PENCK so viel leichter war. Das
Würmeis blieb hier wegen schlechterer Ernährung weit hinter
den Ablagerungen der drei älteren Eiszeiten zurück. Jene lassen
sich klarer herausschälen, weil es sie nicht mehr überfuhr und
dabei veränderte oder zerstörte.

Am besten eigneten sich zur Gliederung der eiszeitlichen Ablagerungen im Alpenvorland die *Schotterfluren*, die an die Moränenkränze nach Norden hin anschließen. Es gab zwei Möglichkeiten
für die Ablagerung von Schottern: entweder wurden Schotter
immer jüngeren Alters einfach übereinander geschichtet. Das ist
auf der „*Münchener schiefen Ebene*" der Fall. An ihrem Aufbau
haben der Isar- und der Inngletscher gemeinschaftlich gearbeitet.

Eine andere Art der Aufschotterung fand auf der *Iller-Lechplatte* statt. Sie sollte für A. Pencks Forschungen bedeutungsvoll werden. Hier sind in breiten, alten Tälern die Schotter der vier Eiszeiten stufenförmig untereinander eingeschachtelt, wobei die ältesten am höchsten, die jüngsten am tiefsten liegen. Mit

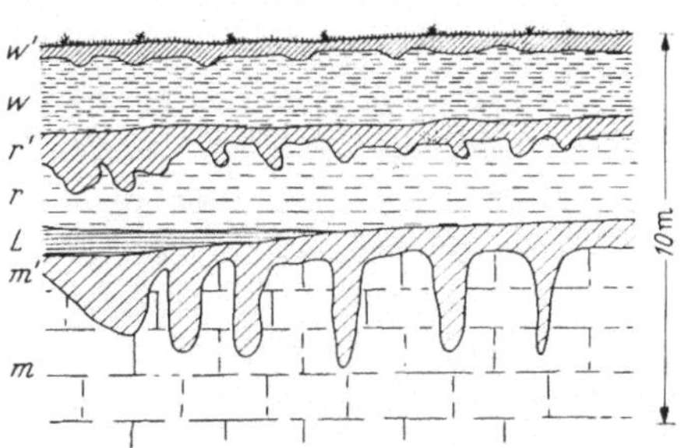


Abb. 41. Die Schotter dreier Eiszeiten mit ihren Verwitterungsschichten. w, w' Würm; r, r' Riß; m, m' Mindel (mit geologischen Orgeln); L Lößlehm. Nach Penck

jeder neuen Eiszeit wurden die Talsohlen tiefer gelegt. Zeiten der
Schotteraufschüttung wechselten mit solchen der Talvertiefung
ab, wobei die Aufschotterung hauptsächlich in Kaltzeiten und die
Talvertiefung in die Warmzeiten fiel. Die Frostsprengung des
Gesteins und die Moränen lieferten während der Vereisungen
außerordentlich viel Schuttmaterial. Die vierstufigen „Schottertreppen" des Iller-Lechgebietes, jeweils durch Ausbisse des tertiären Untergrundgesteins getrennte Terrassenstufen, waren eines
von A. Pencks Hauptbeweismitteln für die Viergliederung des
Großen Eiszeitalters. Die Schotter der drei oberen Terrassen
waren während langer Zeiträume verwittert und hatten sich ganz
oder wenigstens teilweis everfestigt. Sie sind mit einer Schicht
von braunem Verwitterungslehm und auch Lößlehm bedeckt.
Die unterste, die jüngste Stufe ist noch frisch geblieben, weil seit
der Würmeiszeit noch nicht so lange Zeiträume vergangen sind.

Wenn auch die Alpine Vereisung vor allem wegen der schönen
Landschaften, die sie schuf, und wegen ihrer Bedeutung für die

Geschichte der Eiszeitforschung unser besonderes Interesse erregen konnte, so stellt natürlich das *Nordische Inlandeis* durch seine Ausdehnung das eigentliche große Eiszeitphänomen Europas dar. Sein Ausgangspunkt waren die skandinavischen Gebirge zwischen dem 58. und 70. nördlichen Breitengrad. Zur Zeit seiner größten Ausdehnung (in der Rißeiszeit) dürfte es der heutigen Antarktischen Vereisung, also dem südpolaren Inlandeis, etwa gleichgekommen sein. Nach einer Berechnung von R. GRAHMANN hat es damals rund 13 Mill. qkm Landes bedeckt. Es reichte dabei über das Gebiet der Nordsee hinweg bis nach Irland und auf der anderen Seite nach Rußland hinein bis nach Nordwest-Sibirien. Gen Süden stieß es bis Südengland vor, nach Holland und ins Niederrheingebiet hinein und bis zum Rand der deutschen Mittelgebirge und der Sudeten. Im russischen Bereich reichte es im großen Dnjepr- und Donbogen sehr weit nach Süden, bis zum 49. und 50. Breitengrad. Die Ostsee war vor dem Großen Eiszeitalter noch nicht vorhanden.

Die Gebirge Schwedens und Norwegens erhielten bedeutende Niederschläge vom Atlantik her, die das Inlandeis ernährten. Heute sind dort noch Talgletscher und Plateauvergletscherungen in der Art des norwegischen Fjeld vorhanden. Während der Eiszeiten häuften sich die Eismassen auf diesen Gebirgen an. Man kann ihnen an der Eisscheide eine Dicke von mehr als 3000 m zuschreiben. Auf der steilen Westseite erreichten sie bald das Meer, wo eine Kalbungsfront entstand, ein schwimmender Eisrand, wie ihn auch das antarktische Inlandeis heute besitzt. Die eigentliche Eisscheide entwickelte sich daher nicht über dem Hauptkamm des Gebirges, sondern etwa 150 km weiter im Osten in der Gegend des Bottnischen Meerbusens. Das Inlandeis besaß demnach eine unsymmetrische Form. Von der Eisscheide strömte das Eis nach allen Seiten ab. R. GRAHMANN berechnet, daß es über Norddeutschland während der letzten Eiszeit noch eine mittlere Dicke von 1920 m und während der vorletzten größten Vereisung von 2160 m gehabt haben muß; weiterhin, daß es durch seine eigene Last und die des ganzen mitgeschleppten Moränenmaterials 1000 km weit vorwärts und 1000—1400 m weit aufwärts gepreßt wurde. Unter einer solch gewaltigen Last mußte das Land einsinken, im Betrage von Hunderten von Metern. Diese

Durchbiegung der Erdkruste wurde aber rückläufig, als das Eis abschmolz. Lang nachhinkende Landhebungen traten ein, die auch heute noch andauern.

Fennoskandia, d. h. Skandinavien und Finnland, ebenso wie auch der Ostseeraum, waren die großen Ausräumungsgebiete des Inlandeises. Norddeutschland und die im Westen und Osten anschließenden Länder waren die Aufschüttungszone, in die das im Norden abgetragene Material hineintransportiert wurde. Diese glaziale Aufschüttung konnte im Einzelfalle eine Dicke von mehreren hundert Metern erreichen; durchschnittlich wird sie rund 100 m betragen haben.

Die größte Ausdehnung des Inlandeises auf dem europäischen Kontinent wird durch die Grenze der *Verbreitung der nordischen Geschiebe* gekennzeichnet.

Abb. 42. Mauer aus nordischen Findlingen an einer ostpreußischen Scheune. E. E.

Die Porphyre Norwegens, die Granite Schwedens und Finnlands usw. liegen zu Abermillionen von Blöcken in der norddeutschen Tiefebene, am Grunde der Ostsee und wo sonst das Nordische Inlandeis hinreichte. Bis zum Jahre 1875 dachte man, daß sie strandenden Eisbergen, die auf einem kalten Meer drifteten, entstammten. Dann aber erkannte sie O. TORELL als Überbleibsel von ehemals viel ausgedehnteren nordischen Gletschern. Auf dem Muschelkalk von Rüdersdorf entdeckte man *Gletscherschliffe*. Zu dem ungeheuren Reichtum an Blöcken und Geschieben, die aus den schönsten Gesteinen Skandinaviens bestehen und jetzt als aus den Moränen ausgespülte Blocksäume die Küsten Norddeutschlands begleiten, kommen die einheimischen Geschiebegesellschaften. Der schwarze *Feuerstein* aus der weißen Schreibkreide, deren Wände die Küste Rügens und die Klippen von Dover bilden, spielt darunter eine wichtige Rolle. Auf ihm als Werkstoff beruhen die steinzeitlichen Kulturen des Eiszeitmenschen. Die südliche Grenze der nordischen Geschiebe verläuft von der Rheinmündung zum Rheinischen Schiefergebirge,

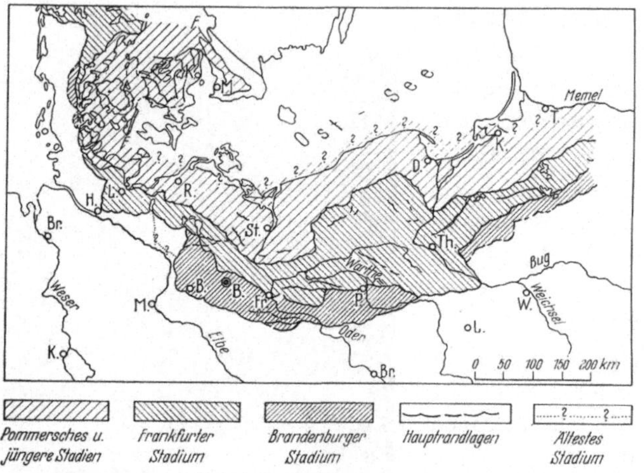



Abb. 43. Die Hauptstadien der Weichselvereisung. Nach WOLDSTEDT

durch das Weserbergland zum Harz und über Reichenberg nach Oberschlesien hinein.

Von Moränenbildungen der älteren Vereisungen sind in Norddeutschland nur solche der *Saaleeiszeit* und der *Elstereiszeit* bekannt, die den alpinen Riß- und Mindeleiszeiten entsprechen werden. Diese Vereisungen reichten über das Gebiet der jüngsten, der Weichselvereisung hinaus und ihre Grenzen können aus der Karte von P. WOLDSTEDT entnommen werden. Wenn auch noch kein Gegenstück zur alpinen Günzeiszeit in Norddeutschland sicher bekannt ist, so deuten doch kaltzeitliche Ablagerungen auf eine oder mehrere Kaltzeiten schon vor der Elstereiszeit hin. Torfe, Seekreiden, Tone, Kalktuff, Kieselgur u. a. werden an vielen Stellen als Bildungen der Interglazialzeiten gefunden. Am eindrucksvollsten sind aber auch hier die Überreste der jüngsten, der *Weichseleiszeit*, die weithin das Landschaftsbild beherrschen und denen wir uns nun zuwenden wollen.

Wie in Süddeutschland ist auch in Norddeutschland die *Seen-zone* auf das Gebiet der jüngsten Vereisung beschränkt. Die Weichselvereisung hinterließ mehrere große *Moränenrandlagen*. Ihre Endmoränen haben junge Formen und ein frisches Aussehen. Häufig sind sie auch durch *Sanderkegel*, die am Eisrande ansetzten oder durch Stauchmoränen ersetzt. Diese *Stauchmoränen* enthalten Moränenmaterial, Kies, Sand, ehemalige Seeablagerungen u. a.; kurz, alles Mögliche, was vor der Eisfront lag und von ihr beim

Abb. 44. Moränenlandschaft bei Bad Segeberg (Holstein). Stadtverwaltung Segeberg

Vorschreiten zusammengeschoben werden konnte. Der Verlauf der beiden äußeren Randlagen, des „Brandenburger und des Frankfurter Stadiums" kann aus der beifolgenden Kartenskizze (Abb. 43) entnommen werden. Man kann wohl annehmen, daß diese beiden Stadien der Kirchseeoner und der Ebersberger Phase im alpinen Vereisungsbereich entsprachen und daß überhaupt *Würm- und Weichseleiszeit identisch* waren.

Den schönsten Endmoränengürtel zeigt das jüngere und weiter zurückliegende Stadium, Pommersches Stadium oder auch „Innere Baltische Endmoräne" genannt. Es dürfte der Oelkofener Phase entsprechen, die gegen ihr Ende hin schon in die Zeit der großen Seenbildung überging. Die Moränen des Pommerschen Stadiums beginnen mit der Ostjütischen Endmoräne, schlingen dann ihre Bögen um die Föhrden Schleswig-Holsteins und die Lübecker Bucht herum, verlaufen weiter durch Mecklenburg, buchten an der Oder nach Süden aus und ziehen nach Hinterpommern, West- und Ostpreußen hinein.

Ein außerordentlich charakteristischer Zug in der norddeutschen Glaziallandschaft sind die großen *Sander und die Urstromtäler*. Während der Ostteil Schleswig-Holsteins von großartigen, sich vielfach gabelnden Moränengirlanden, die nach K. GRIPP zahlreichen kleinen Gletscherzungen zuzuschreiben sind, durchzogen ist, wird der westliche Teil von großen, flach zur Nordsee hin abfallenden Sanderflächen eingenommen. Die Sander sind, wie wir schon wissen, Schmelzwasserabsätze, die wie die Schotterkegel der Alpinen Vereisung die Endmoränen an ihrer Außenseite begleiten. Die Spitze des Kegels liegt da, wo die unter dem Eise herausfließenden Schmelzwasserströme den Eisrand erreichten und dabei Kies- und Sandmaterial im Gletschertor absetzten. Im Umkreis der Alpinen Vereisung sind die mehr oder weniger grobkörnigen Absätze Schotter; in demjenigen der Nordischen Vereisung vorwiegend Sand, aber auch Kies. Die Transportwege waren hier so viel weiter und die Zerkleinerung des Gesteins durch das Zerreiben und Zermahlen im Wasser infolgedessen so viel mehr fortgeschritten. In Eisrandnähe, an der Spitze der Sander, ist infolgedessen immer das gröbste Material zu finden.

Die Hauptentwässerungsbahnen sind die sogenannten *Urstromtäler*. In Norddeutschland begleiten sie als stellenweise außerordentlich breite, flache und sanderfüllte Talungen die Haupteisrandlagen. Sie verlaufen in Ost-West-Richtung. Sie führten die gesammelten Schmelzwässer in einem Fluß (an Stelle des heutigen „Kanals") in den Atlantik ab. Der südliche Nordseebereich war während der Hauptvereisungszeiten trocken und ebenfalls mit Eis bedeckt. Die Urstromtäler haben aber kein einheitliches Gefälle und waren vielfach nur in Tätigkeit während der Zeit größter sommerlicher Schmelzwasserfluten. Die Haupturstromtäler, fünf an der Zahl, begleiten die Haupteisrandlagen. Man nennt sie: das Breslau-Magdeburger, das Glogau-Baruther, das Warschau-Berliner, das Thorn-Eberswalder und das Pommersche Urstromtal.

In die weiten Niederungen der Urstromtäler schütteten die Schmelzwässer vom Nordrande her Sander hinein; zum Südrande hingegen kamen die Mittelgebirgsflüsse mit ihren Schuttkegeln. Das Nordische Inlandeis staute die von Süden herankommenden Flüsse auf und zwang sie, nach Westen abzufließen. Traten einmal Stauungen ein, so entstanden vergängliche Seen, in denen sich

auch gebänderte Tone niederschlagen konnten. Die Weichsel-
vereisung reichte nicht mehr über die Elbe hinaus und die untere
Elbe sammelte alle Schmelzwässer. Von hier floß der große
Schmelzwasserstrom als „Kanalfluß" nach NW ab; Weser und
Rhein mündeten noch in ihn ein. Beim Eisrückzug brachen
manche der großen Flüsse nach Norden durch die Endmoränen

Abb. 45. Cromer Forest Bed an der Ostküste Englands. R. West. (Das Forest
Bed ist die dunkle Schicht im Niveau der Strandfläche)

durch, wie *Oder und Weichsel*, womit die Entwicklung ihres
heutigen Talsystems begann. Das Talnetz der *Elbe* konnte sich
schon während der letzten Interglazialzeit ausbilden. Der *Rhein*
führte auch Schmelzwässer der Alpinen Vereisung ab. Zu
Beginn des Großen Eiszeitalters war seine Mündung übrigens an
der heutigen Ostküste Englands zu finden. Wahrscheinlich wen-
dete er sich westwärts, als ihm später durch die skandinavische
Eismasse der Weg versperrt wurde und grub sich ein Tal, das
jetzt zur Straße von Dover geworden ist. R. F. Flint knüpft an
diese Auffassung die Bemerkung an, daß der Ohio-Fluß in Nordamerika eine ähnliche Geschichte durchgemacht habe.

An der früheren Rheinmündung, deren Ablagerungen als alt-
eiszeitliches Cromer-Forest Bed jetzt an der Küste von Norfolk
erschlossen sind, finden sich Deltaschüttungen des Flusses, in
denen Stämme altertümlicher, jetzt in Europa ausgestorbener

73

Baumarten mit Knochen und Zähnen alteiszeitlicher Tiere, z. B. auch Elefanten, zusammengeschwemmt sind. All das wird jetzt von den Meereswogen wieder freigespült.

Aber zurück zur Weichselvereisung und der *Entwässerung* des letzten Inlandeises. Mit die schönsten Landschaftsbilder sind ihr zu verdanken; vor allem die heute von Seenketten erfüllten „*Rinnentäler*". Es waren dies Flußtäler unter dem Eise, in denen die Schmelzwässer, oft unter hydrostatischem Druck stehend, nach außen drängten. Hierher gehören z. B. die reizvollen *Havelseen bei Berlin.* Ein einspringender Winkel in der Eisfront lockte mehrere solcher Rinnenflüsse an, die sich hier konzentrierten und beim Austritt aus dem Eise mit den mitgebrachten Sandmassen den mächtigen Beelitzer Sander aufwerfen konnten. Diese und mannigfaltige andere Einzelheiten werden in P. WOLDSTEDTS umfassenden Werk „Norddeutschland und angrenzende Gebiete im Eiszeitalter" (1950) behandelt. Auch die Küstenformen des an landschaftlichen Schönheiten reichen, meerumschlungenen Schleswig-Holstein gehen auf die senkrecht zu den Endmoränen verlaufenden Rinnentäler zurück. Denn die *Föhrden* sind ehemalige Rinnentäler, die nachträglich durch Senkung unter den Meeresspiegel gerieten. Die zahlreichen Seen Mecklenburgs, Pommerns, Ostpreußens sind alle auf die Nordische Vereisung zurückzuführen.

Die üblichen Bildungen der Abschmelzzeit des Eises fehlen nicht. Oser und Kames sind da und dort entwickelt. Vor allem aber kamen auch schön gestaltete Drumlinfelder unter dem abschmelzenden Eise hervor. Am besten sind diejenigen von Naugard in Pommern und von Nimmersatt an der ehemaligen deutschrussischen Grenze bekannt. Auch das Baltikum hat von alledem viel zu bieten. Wie im Alpengebiet war es auch im Raume des Nordischen Inlandeises immer die letzte Vergletscherung, die Würm- oder Weichseleiszeit, die all diese Landschaftsbilder von besonderer Eigenart schuf und unzerstört hinterließ.

Wir müssen besonders hervorheben, daß das Nordische Inlandeis noch die *Britischen Inseln* mitergriff. Über den Flachseeboden der Nordsee konnte es von Norwegen aus dort hinüber gelangen. Es fand lokale Vereisungen in den Hochländern vor, mit deren Gletschern es sich vereinigen konnte. Von den Orkney-Inseln im

Norden bis Ost-Anglia im Süden berührten sich die skandinavische und die britische Vereisung. Die Zentren in Schottland, Irland, Nordengland und Wales, von denen die lokalen Vergletscherungen ausgingen, brauchten nicht einmal sehr hoch zu sein. Bei dem niederschlagsreichen Meeresklima dieser Gebiete konnte eine allgemeine Temperaturminderung außerordentliche Schneemassen hervorbringen, deren

Wiederabschmelzen vermutlich während des Sommers durch eine chronische Wolkendecke behindert war. Auch die Gebirge Schottlands und des nordenglischen Seendistrikts gehören zu den landschaftlich hervorragendsten Schönheiten Europas. Davon verdankt man viel den Gletschern. Die uralten Gebirge

Abb. 46. Ullswater im englischen Seendistrikt. Glazial geformtes Landschaftsbild. E. E.

dieser Regionen trugen aber schon ursprünglich einen anderen Landschaftscharakter wie die jungen Alpen. Ihre gerundeten Formen sind in Jahräonen als Alterungserscheinungen schon entstanden und nicht nur durch die wiederholten Vereisungen bedingt. Im *Seendistrikt* kann man besonders an der Anordnung der langgestreckten Zungenbecken-Seen erkennen, daß die Eismassen aus diesem lokalen Vereisungszentrum radial nach allen Seiten abflossen. Im ganzen wurde hier mehr abgetragen als angehäuft und der englische Seendistrikt zeigt die Ausformung durch frühere Gletscher in großer Vollendung, besonders zahlreiche typische Rundhöckerlandschaften.

In andern Teilen Englands, im Osten und in der Mitte, sind wieder Aufschüttungen des skandinavischen Eises vorhanden. Das südlichste England blieb unvergletschert. Sogar das weitab liegende Irland war noch stark vergletschert, wie die großartigen Drumlinfelder und die Rückzugsbildungen, Oser, Kames usw. auf der „Grünen Insel" beweisen.

Es verbleibt uns noch, einen Blick auf die *Mittelgebirge* während des Großen Eiszeitalters zu werfen. Viele von ihnen werden Eiskappen und Gletscher getragen haben. Kare, Moränen, Findlingsblöcke u. a. weisen darauf hin. In manchen dieser Gebirge bleibt aber der Nachweis der Vergletscherungen zweifelhaft. Die wiederholten Vereisungen des Französischen Zentralplateaus wurden ausführlich von Y. BOISSE DE BLACK behandelt. A. GÖLLER hat im südwestlichen Schwarzwald um Schönau einen 25 km langen und 380 m mächtigen Gletscher der Großen Wiese nachgezeichnet. Prächtige Gletscherschliffe und andere Gletscherspuren in großer Zahl finden sich dort. H. POSER beweist mit neuesten Forschungsmethoden die sonst kaum erkennbare Harzvergletscherung. H. PRIEHÄUSSER hat sich mit den Anzeichen einer Vergletscherung des Bayerischen Waldes beschäftigt.

Es wären noch viele andere wertvolle Bemühungen, besonders auch aus der wissenschaftlichen Arbeit der osteuropäischen Länder wie Polens, Rußlands usw. an dieser Stelle zu nennen. Doch ist die einschlägige Literatur nicht zugänglich. Erst spätere Zeiten werden hoffentlich hier wieder alle Wege freimachen und zu einem ungehemmten Austausch und zur Zusammenarbeit führen. In Sibirien sind mehrfache Vergletscherungen bekannt, die aber immer in Verbindung mit Berg- und Hochländern standen. Doch wurde die Ernährung mit Niederschlägen aus dem Atlantik und dem kontinentalen trockenen Klima Sibiriens immer schlechter, je größer die skandinavische Vereisung war. Dafür war NO-Sibirien das Gebiet des Dauerfrostbodens. Mammut und wollhaariges Rhinozeros sind, wie wir schon wissen, in ihn eingefroren. Man weiß aber nicht, ob diese Tiere hier nicht bis in die Nacheiszeit hinein gelebt haben, wie das beim Mammut in Nordamerika vielleicht der Fall war.

Der Ablauf des *Großen Eiszeitalters in Nordamerika* entsprach in mancher Hinsicht demjenigen in Europa. Auch dort verschoben sich die Klimagürtel. Sie verbreiterten sich und zogen sich zusammen und wechselten ihre geographische Breitenlage, wenn sie auch in derselben Beziehung zueinander blieben wie heute.

Auch in Nordamerika bedeckte eine mächtige Eiskalotte den Nordteil des Kontinents. Die Vergletscherung stieß von Zentren im hohen Norden westlich und östlich der Hudson Bay bis zum

76

38. Breitengrad nach Süden vor. Sie bedeckte mit Tausenden von Metern hohen Eismassen alles Land bis südlich der Großen Seen. Das Felsengebirge war ebenfalls von einem Gletschernetz durchzogen, das sich an seinem Ostrande mit der kontinentalen Vergletscherung berührte. Auch die Sierra Nevada und die hohen

Abb. 47. Gletscherschliff bei Schönau im Schwarzwald. A. Göller

erloschenen Vulkane, die über dem Cascaden-Gebirge in der Nähe der pazifischen Küste tronen, trugen viele Gletscher. Man kann also, wie in Europa, eine kontinentale und eine Gebirgsvergletscherung auseinanderhalten. Alaska besitzt noch heute eine Vorlandvergletscherung, die in den Einzelheiten manche Ähnlichkeit mit der Vergletscherung des nördlichen Alpenrandes im Großen Eiszeitalter aufzuweisen hat. Während ihrer größten Ausdehnung nahm die Vergletscherung Nordamerikas einen Flächenraum von etwa 16 Mill. qkm ein.

Wie in Europa lassen sich auch in Nordamerika vier Vergletscherungsperioden nachweisen. Die jüngste, die *Wisconsin-Vereisung*, entsprach aber an Ausdehnung den drei früheren, während sie in Europa hinter diesen zurückblieb. Der Kontinent war damals vom Atlantik bis zum Pazifik eisbedeckt. Die vierfache Abfolge der Vereisungen und drei Interglazialzeiten lassen sich am besten im Herzen des Kontinents nachweisen.

Der derzeitige Wissensstand über das Große Eiszeitalter in Nordamerika wird zusammengefaßt in dem großen Werk von R. F. FLINT „Glacial Geology and the Pleistocene Epoch" (1947), dem wir im Folgenden uns anschließen. Am besten erforscht sind die Verhältnisse in den zentralen Teilen Nordamerikas, wo dicke tonige Grundmoränendecken, getrennt von verlehmten Verwitterungsschichten und Torf-, Löß- oder anderen interglazialen Ablagerungen die Untersuchung und Gliederung erleichtern. Endmoränen sind nicht überall vorhanden. Die älteren, vor der Wisconsin-Vergletscherung liegenden Vereisungen Nordamerikas waren nach Entstehung, Art, Ausdehnung und Klima der letzten sehr ähnlich. Im Gebiete nördlich des unteren Missouri und Ohio lassen sie sich am besten studieren. Die drei älteren Vereisungen werden *Nebraskan, Kansan und Illinoian* genannt. Die vierte und letzte folgt dann darauf als das *Wisconsin*. Das Eis strahlte von mächtigen Eiskuppeln im östlichen und mittleren Teil des arktischen Nordamerika nach allen Himmelsrichtungen aus. Die Südgrenze der Wisconsin-Vereisung ist deutlich erkennbar; im Westen, wo sie gegen das Felsengebirge hin auf ansteigendes Gelände zu liegen kam, verschmolz sie, wie schon gesagt, mit der Gebirgsvergletscherung. Die noch wenig bekannte Nordgrenze lag im Arktischen Ozean und die Ostgrenze verlief, mit einem schwimmenden Schelfeisrand, im Atlantischen Ozean östlich der heutigen Küste, zwischen New York und Neufundland, also etwa auf der Strecke, die die heutige Flugroute von Europa nach New York einhält. Auf dieser Seite wurde der Eisrand von den warmen Gewässern des Florida-Golfstromes bespült.

Die *Wisconsin-Vereisung* bestand aus vier Eisvorstößen, deren letzter, als *Mankato-Stadium* bezeichnet, erst eintrat, als die Vereisung in Europa schon weitgehend abgeschmolzen war, jedoch auch dort die allgemeine Erwärmung nochmals durch einen etwa

900 Jahre dauernden Kälterückfall unterbrochen wurde. In den Alpen war dies die Zeit des „*Schlernstadiums*" (oder Schlußeiszeit), als die lokalen Gebirgsgletscher nochmals kräftig vorstießen, ohne daß es wieder zur Ausbildung eines alpinen Eisstromnetzes gekommen wäre. In Fennoskandia stand damals das Eis am großen Doppelrandwall des *Salpausselkä* und an den großen Endmoränen in Mittelschweden. Das Ende dieses Stadiums ließ sich neuerdings durch

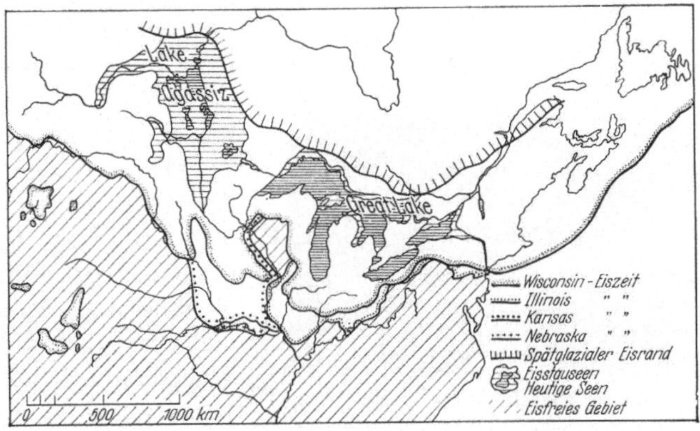



Abb. 48. Die Vereisungen Nordamerikas. Nach Flint

die C$^{14}$-Methode, von der wir noch hören werden, fixieren. Es liegt 10 000 Jahre zurück. Wir gewinnen damit eine Möglichkeit, die Ereignisse über die Ozeane hinweg zeitlich exakt zu parallelisieren.

Beim Abschmelzen der Wisconsin-Vereisung entwickelte sich eine großartige Folge *glazialer Seen*, deren Nachfolger heute die *Großen Seen* darstellen. Die ersten Schmelzwasserseen wurden aufgestaut zwischen höherem Land im Süden und dem Eisrand im Norden. Als das Eis wegschmolz und das Land, befreit von seinem Gewicht, langsam in die Höhe stieg, fiel der Wasserspiegel der Seen schrittweise und sie wurden auf die Becken beschränkt, die sie heute erfüllen. Die alten Seeufer lassen sich noch vielfach erkennen und ausgedehnte Seeablagerungen zeigen an, welch riesige Gebiete ehemals von Schmelzwasserseen eingenommen wurden. Der bis zu 30 m dick werdende Lößgürtel des Nordamerikanischen Inlandeises ist am besten in Gebieten mit Steppenklima wie am Mississippi entwickelt.

Noch vielfach unerforscht sind die *Gebirgsvergletscherungen*. Im Norden war es eine zusammenhängende Masse von Talgletschern, Vorlandgletschern und Eisdecken, deren Zentrum in Britisch Columbia lag. Nach Norden reichte sie bis zu den Alëuten, nach Süden bis zur gewaltigen Kuppe des erloschenen Vulkans Mount Adams, eine Strecke von 2350 Meilen. Die Rocky Mountains waren, wenn sie auch Eisströme nach Osten und Westen entsandten, trotz ihrer Höhe nicht so stark vergletschert. An der „Front-Kette" bei Denver heben sich die scharf eingeschnittenen, glazialen Tröge in 4000 m Höhe, heute gletscherleer, wundervoll von den alten gerundeten, noch aus der Tertiärzeit stammenden Oberflächen des Gebirges ab. Die, verglichen mit den Alpen zur Eiszeit, relativ geringe Vergletscherung war begründet in der Lage des Gebirges im Inland, 300 Meilen von der pazifischen Küste mit ihrem großen Regenreichtum entfernt. Es lag im Regenschatten der küstennäheren Gebirge. Die Höhenlage der zahlreichen Kare nimmt mit dem Absinken der Schneegrenze in der Richtung des kälteren Nordens und gegen die niederschlagsreichen Küstengegenden hin stark ab.

Abb. 49. Heute gletscherleeres glaziales Tal, eingeschnitten in alte, gerundete Hochgebirgsfluren. „Front Range" im Felsengebirge bei Denver, Colorado. E. E.

Südlich der zusammenhängenden Eisdecke in den westlichen Staaten waren noch etwa 75 *vergletscherte Hochlandsgebiete*. Ihre Vergletscherung war abhängig von der geographischen Breite, einer Höhenlage von mindestens 3300 m und davon, daß sie von pazifischen Luftmassen erreicht werden konnten. Man ist erstaunt in den heute warmen und ausgesprochen wüstenhaften Gebieten im Südwesten der USA, beispielsweise in Neumexico, Vergletscherungsspuren finden zu können.

Von interessanten Einzelheiten vermögen wir hier nur wenige hervorzuheben. Dazu sind die *Niagara-Fälle* zu rechnen, die erst nach Schluß der Wisconsin-Vereisung entstanden sind. Man versuchte zunächst, mit ihrer Hilfe die seitdem verflossene Zeit zu bestimmen. Als das Ontariosee-Becken eisfrei geworden war, konnte der im höherliegenden Eriesee-Becken liegende Eisstausee dort hinunter entwässern. Der Niagara-Fluß bildete einen Wasserfall, der sich, eine Schlucht bildend, schrittweise — wie man lange Zeit annahm, in einem Tempo von nicht ganz zwei Metern im Jahr — flußaufwärts zurückverlegte. Stürzendes Wasser bearbeitet das Gestein und trägt es ab. Eine Berechnung führte zu einem Ergebnis von

Abb. 50. Eiszeitliche Endmoräne im Felsengebirge, USA. E. E.

20 000—35 000 Jahren, die seit dem Ende der Wisconsin-Vereisung vergangen waren. Es stellte sich aber dann heraus, daß Teile der Schlucht, in welcher sich der Wasserfall zurückverlegte, schon in der letzten Interglazialzeit, also vor der Wisconsin-Vereisung bestanden haben müssen. Damit wurden alle Berechnungen hinfällig. Heute stehen für solche Zwecke viel bessere Hilfsmittel wie die $C^{14}$-Methode zur Verfügung.

Mit Hilfe dieser Radiokarbon- oder $C^{14}$-Methode kann man auf atomphysikalischem Wege das Alter von Holzkohle und anderen toten organischen Stoffen bestimmen. Außer dem gewöhnlichen Kohlenstoff mit der Formel $C^{12}$ gibt es auch noch ein radioaktives Isotop, $C^{14}$. Es geht aus der Atmosphäre, in der es vorkommt, in den Körper lebender Wesen über und bleibt dort im Leben konstant. Nach dem Tode hört die Aufnahme auf und der radioaktive Zerfall bewirkt, daß das $C^{14}$ mehr und mehr schwindet. Man kann dann aus dem in der Untersuchungsprobe gegebenen Mengenverhältnis der beiden Kohlenstoffarten zueinander die seitdem verflossene Zeit ermitteln und damit das Alter der Substanz erkennen. Das von amerikanischen Wissenschaftlern vor wenigen Jahren gefundene Verfahren hat große Bedeutung für Quartärgeologie, Ur- und Vorgeschichte.

Eine wohl einmalige Ablagerung aus einer Interglazialzeit findet sich in Rancho La Brea bei Los Angeles in Californien. Hier sind in von Asphalt verklebten Sanden und Tonen die Überreste zahlloser Säugetiere und Vögel, die sich in dieser natürlichen Falle gefangen hatten, bis zum heutigen Tage erhalten, vor allem auch die zahlreicher Raubtiere wie des Säbelzahntigers.

## 8. Aus der Geschichte des Mittelmeeres und der Ostsee

Von der eiszeitlichen Geschichte des *Mittelmeeres* sind besonders einige ältere Abschnitte bedeutungsvoll. Seine Geschicke waren nicht weniger bewegt als die der Ostsee. Doch ist ihre endgültige Niederschrift noch in vollem Werden, während das gewaltige Epos von der Ostsee, von den finnischen und schwedischen Quartärforschern schon fast vollendet wurde. Allerdings handelt dies letztere hauptsächlich nur vom Rückgang der letzten Vergletscherung.

In den interglazialen Warmzeiten wurde durch das Abschmelzen der riesenhaften Eiskappen sehr viel Wasser frei, wodurch der Spiegel des Weltmeeres gewaltig anstieg. So stand das *Mittelmeer* in der letzten, der Riß-Würm-Interglazialzeit, 12—15 m höher als heute. Die Brandung hämmerte in die felsigen Küsten Strandterrassen hinein und höhlte Grotten und Überhänge aus. An den Steilküsten Italiens sollten sie später dem Eiszeitmenschen als Wohnung dienen. Eine warme Meeresfauna aus dieser Interglazialzeit und die entsprechenden Brandungsterrassen lassen sich an allen Mittelmeerküsten von Gibraltar bis Palästina hin nachweisen. Das Nil- und das Donaudelta waren damals noch nicht vorhanden. Mit der einsetzenden Würmeiszeit senkte sich dann der Spiegel des Mittelmeeres wieder, bis er um 90 m tiefer lag als heute. Die in der Warmzeit vorher entstandenen Küstenhöhlen wurden frei zugänglich und konnten dem wandernden Eiszeitmenschen eine Zuflucht bieten. Sie bargen — und bergen wohl noch — seine Überreste und Werkzeuge in großer Zahl, wie wir dies vom Cap der Circe südöstlich von Rom in einem Beispiel noch hören werden. Durch das Absinken des Meeresspiegels fielen die Schelfgebiete, die heute nur von flachen Meeren bedeckten Küstensäume des Kontinentes, trocken; die Festlandsflächen vergrößerten sich erheblich. Inseln wurden landfest, weil Landbrükken entstanden. Auch die nördliche Adria war damals trockenes Land. All dies erleichterte dem Eiszeitmenschen seine Wanderungen. Nach Abschluß der letzten Vereisung stieg der Mittelmeerspiegel wieder bis zur heutigen Höhe an.

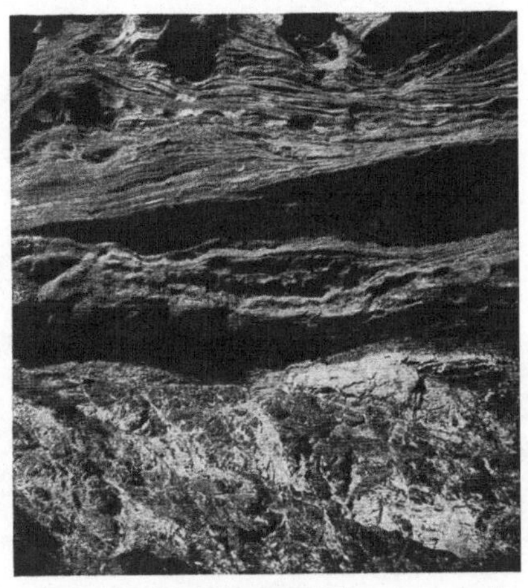

Abb. 51. Eiszeitliche Sanddünen unter der heutigen Landoberfläche und über einem älteren Küstenstreifen aus Serpentinfels liegend. Mittelmeerküste südlich Livorno. E. E.

Eine solch gewaltige, bis zu 3 km dicke Eiskappe, wie sie während der letzten Eiszeit Nordeuropa bis nach Mitteleuropa hinein bedeckt hatte, mußte bei ihrem Abschmelzen ungeheure Wassermengen freimachen. Es entstanden gegen das Ende des Eiszeitalters hin am zurückweichenden Eisrand Vorläufer-Meere unserer *Ostsee*.

Es ist den fennoskandischen Forschern zu verdanken, wenn heute Licht sich ausbreitet über die Vorgänge in jenen Räumen, in denen sich dies gewaltige Geschehen abspielte und über die Zeiträume, die dafür in Frage kommen. Der Rückzug des Nordischen Inlandeises wird von ihnen in drei Abschnitte gegliedert. Der erste (I) davon war das sog. Daniglazial. Während dieses Zeitabschnittes zog sich das Eis aus der norddeutschen Tiefebene bis ins südliche Schweden zurück, wobei auch Dänemark großenteils eisfrei wurde. Der zweite Abschnitt, das Gotiglazial (II), beginnend etwa 13 200

v. Chr., sah den Rückzug aus Südschweden bis zu den Hauptmoränen in Mittelschweden und zum Oslofjord, ebenso wie auf den mächtigen Moränenrandwall des „Salpausselkä", der Südfinnland durchzieht. Der dritte und letzte Abschnitt (III) wird das Finiglazial (ab 8540 v. Chr.) genannt. Mittelschweden und alles

Abb. 52. Parlamentsgebäude von Helsinki auf einem mächtigen Granitrundhöcker. E. E.

Land bis nach Jämtland hinauf wurde eisfrei. Als sich in Jämtland, an der sog. Eisscheide, das Inlandeis in zwei Teile teilte, bedeutete das das Ende des diluvialen Eiszeitalters in Nordschweden. Dieses Ereignis fand fast 9000 Jahre vor der Gegenwart statt.

Die Späteiszeit (vom Abrücken des Inlandeises vom Pommerschen Stadium bis zum Abrücken vom Salpausselkä-Stadium) brachte neue, gebesserte Klimaverhältnisse mit sich. Riesige Wassermengen, die vorher als Eis gebunden waren, wurden wieder für den normalen Wasserkreislauf frei. So mußte dem zurückweichenden Eisrand in Norwegen und Südschweden das Meer auf dem Fuße folgen. Der durch langen Wasserentzug abgesenkte Meeresspiegel begann wieder zu steigen. Überflutungen von Landgebieten waren die Folge.

Mit diesen Vorgängen überschnitt sich aber in diesem Gebiet in der Nachbarschaft des Inlandeises noch ein anderer. Auch er war eine Folge der ehemaligen Vergletscherung. Sie hatte ein Stück Erdkruste begraben, und das Gewicht des Eises hatte es tief eingedrückt. Beim Schwinden des Eises konnte es langsam wieder in seine ursprüngliche Lage zurückkehren. Das Land hob

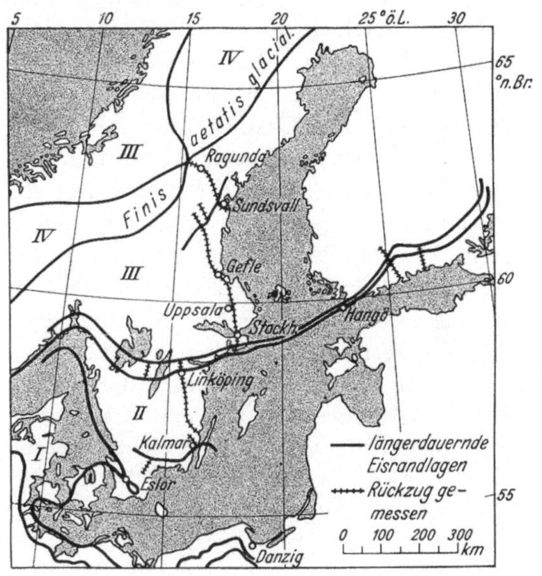



Abb. 53. Rückzugslagen des Nordischen Inlandeises. Dani (*I*) — Goti (*II*) — Fini (*III*) glazial. *IV* Zerfall des Eises in zwei Teile. Nach DE GEER

sich gegenüber dem Meere um fast 300 m, d. h. das Meer wich zurück, und weite Küstenstriche verlandeten.

Es handelt sich also um entgegengesetzt gerichtete Kräfte, deren Wirkungen miteinander abwechselten oder sich wie in einem Wettbewerb gegenseitig maßen. Sie brachten in den Randgebieten des Ostseebeckens immer neue Verwandlungen hervor. In einem gigantischen Naturrhythmus mußten sich die Erd-, Wasser- und Klimakräfte gegenseitig ablösen, steigern oder aufheben, bis die heutige Gestalt geprägt und bis das heutige, immer noch nicht ganz stabile Gleichgewicht zwischen Land und Meer im Ostseeraum erreicht war.

Das Spiel zwischen diesen ungeheuren Kräften kann nirgendwo eindrucksvoller nacherlebt werden als in den vegetationsarmen felsigen Weiten Finnlands. Überreste von Meerestieren wie Seehund, Glattwal, Tümmler werden in Finnland und Schweden 80—100 m ü. d. M. in Strandablagerungen gefunden, und mehrere Meter dicke Bänke, aus Meeresmuscheln angehäuft, gesellen sich dazu. Hoch im Lande liegen heute alte gehobene Strandterrassen, deren Brandungshohlkehlen an den Felswänden zeigen, daß ehemals die Meeresbrandung an ihnen tätig war. Solche Strandflächen und Strandlinien ziehen weit ins Inland hinein. Oberhalb der *höchsten Strandlinien* ist das Gelände noch heute von Moränen bedeckt, auf welchen der Waldwuchs Nahrung findet. Darunter ist es nackter, kahler Fels, von den Meereswogen abgewaschen, von ihrem Aufprall glatt gescheuert und mit Blockreihen besetzt, die das vereiste Meer auf den Küstensaum hinaufgeschoben hatte. Die höchsten Strandflächen besitzen aber nicht mehr ihre ursprüngliche Lage. Die *Landhebung,* welche seit dem Schwinden des Meeres die eingedrückte Kruste wieder ausgleicht, hat sie ergriffen, sie in Höhen bis fast 300 m hinaufgehoben und sie dabei auch noch schief gestellt, denn der Hebungsbetrag war und ist nicht überall gleich. Das Haupthebungsgebiet liegt im Bottnischen Meerbusen. Während aber gleich nach der Eisentlastung die Landhebung etwa 10 m im Jahrhundert betragen haben muß, rechnet man heute nur noch mit 0,5—1 m in der gleichen Zeit. In nicht fernen historischen Zeitläuften hat die Landhebung in Skandinavien noch vermocht, Seen auszukippen und teilweise zu entleeren.

Welche Vorläufer-Meere der Ostsee entwickelten sich aber nun im einzelnen?

Die ersten Schmelzwasser im NW und NO des nordischen Inlandeises wurden zum Atlantik und zum Eismeer hin abgeleitet. Im Ostseebecken hingegen sammelten sich Süßwassermassen an; diesem ersten Meer hat man den Namen „*Baltischer Eissee*" gegeben. Er fällt in die gotiglaziale Zeit, d. i. etwa in die Jahre 13 000—8 000 v. Chr. In diesen Baltischen Eissee hinein wurde der große Doppelrandwall des *Salpausselkä,* der Süd-Finnland in SW-NO-Richtung durchzieht, abgelagert. Zur gleichen Zeit entstanden in Mittelschweden und Südnorwegen bedeutende Endmoränen-Gürtel auf dem festen Lande. An Ort und Stelle ist man erstaunt, den 600 km langen, auf dem felsigen, vom Eise abgeschliffenen Grundgebirge Südfinnlands aufgetürmten gedoppelten Schuttwall

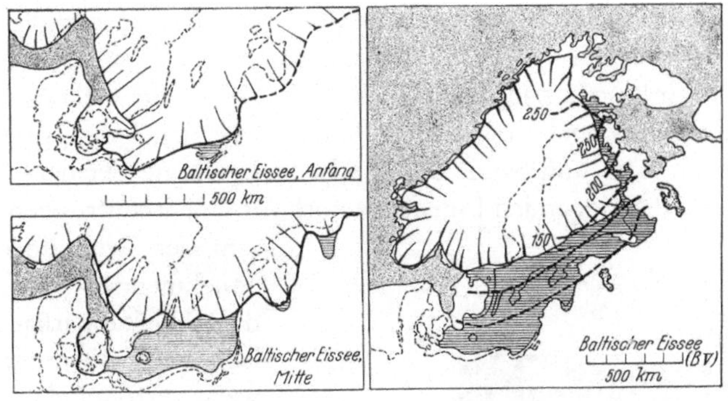



Abb. 54a

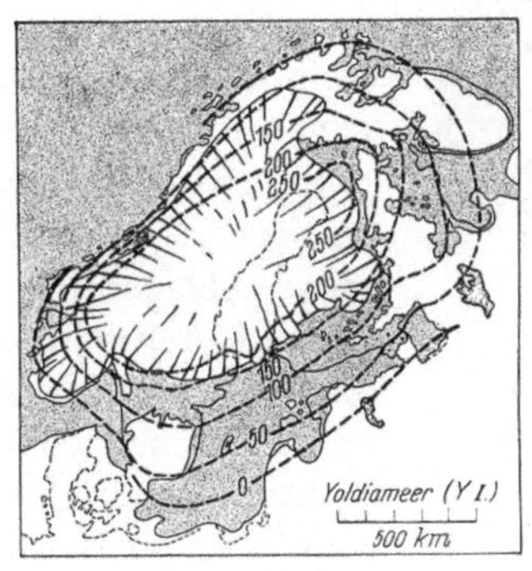



Abb. 54b

Abb. 54a—c. Die Vorläufer-„Meere" der Ostsee. a Baltischer Eissee. b Yoldia-Meer. c Ancylussee und Litorina-Meer. Nach SAURAMO

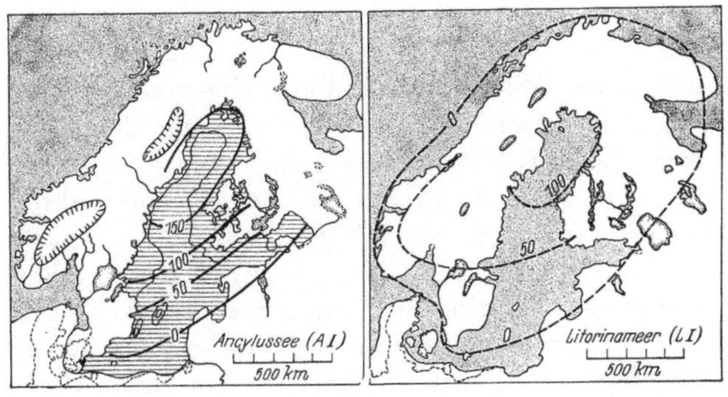



Abb. 54c

des Salpausselkä, der auf allen geologischen Karten auffällt, im Gelände nicht einmal so stark hervortreten zu sehen (Abb. 53, Hangö). Er besteht hauptsächlich aus den von den Schmelzwässern des Inlandeises am Eisrand unter dem Meeresspiegel abgelagerten Deltas aus Kies und Sand. Daran schließen sich auf der dem Eisrand zunächst liegenden Innenseite noch Moränenschüttungen an.

Abb. 55. Vom Meereis aufgeschobener Block bei Korkeamäki/Finnland. Auf dem höchsten Strand des Baltischen Eissees, jetzt in 155 m über dem Meeresspiegel liegend. E. E.

An den stufenförmig abnehmenden Höhen der Deltaoberflächen läßt sich die schrittweise erfolgende Absenkung des Seespiegels erkennen; denn die Oberfläche eines Deltas stimmt jeweils zusammen mit der Spiegelhöhe des stehenden Gewässers, in das hinein seine Ablagerung erfolgte. Ein ehrwürdiges Denkmal aus der Zeit des Baltischen Eissees findet sich auf dem Berge Korkeamäki nördlich Helsinki. Heute blickt man von dort hinab auf die waldgekrönten, graugrünen Felswogen dieses urweltschweren und doch vom Geiste moderner Wissenschaft durchleuchteten finnischen Landes und steht dabei mitten im Walde auf einer alten, von den Meereswogen geglätteten Felsplatte, vor mächtigen Blöcken, die vor wohl 11000 Jahren das Meereis hier auf die Küste aufschob. Alles Land weithin lag noch unter Wasser und unter dem Eise begraben. 8000 Jahre v. Chr. etwa sank der Spiegel des Baltischen Eissees um 27 m ab, da in Mittelschweden eine Verbindung mit dem Ozean entstand, so daß an die Stelle des gewaltigen Süßwassersees ein kurzlebiges Brackwassermeer treten konnte. Sein Hauptinsasse war eine Eismeermuschel, Yoldia arctica genannt. Manche Art vom Meeresfischen und anderen Meerestieren, die heute noch in den großen Seen Finnlands lebt, muß damals in diese hineingeraten und dann vom Meere abgeschnitten

88

worden sein. An den Südküsten der Ostsee stand aber das *Yol-diameer* niedriger als das heutige Meer. Versunkene Wälder in Südschweden beweisen dies, die heute 37 m unter dem Ostsee-spiegel liegen.

Das letzte der Eiszeit-Folge-„Meere" war der *Ancylussee*, welcher etwa das 6. Jahrtausend v. Chr. umfaßte. Das Aufsteigen des

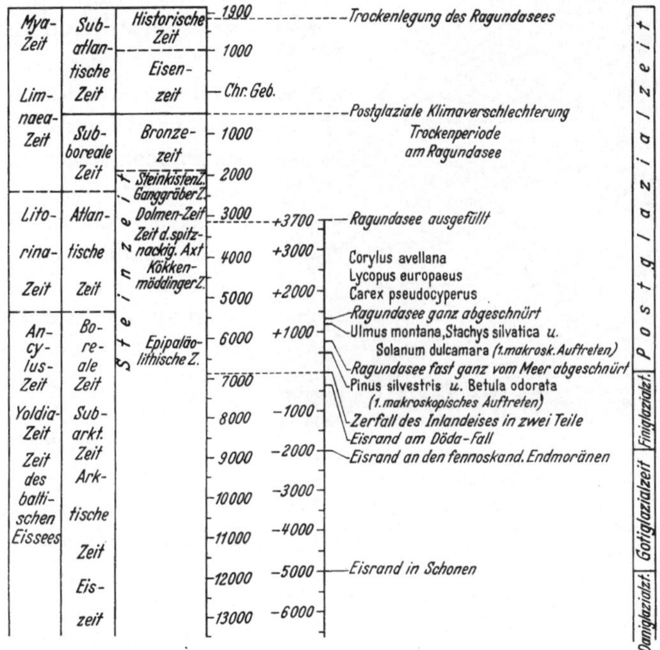


Abb. 56. Tabelle zur Geschichte der Ostsee und des Eisrückzuges. Nach SANDEGREN

Landes als Folge der Entlastung vom Eise unterbricht nun wieder die mittelschwedische Verbindung zum offenen Weltmeere. Das Klima wird wärmer und trockener. Zu der zur Yoldiazeit sich ausbreitenden Kiefer und Birke tritt nun Ulme, Linde, Erle, Hasel, Ahorn und Eiche. Das diesen Zeitabschnitt am besten kennzeich-nende Lebewesen ist die Süßwasser-Napfschnecke Ancylus flu-viatilis. Im Norden beginnen nun bereits die uns vertrauten Um-risse Finnlands aus dem Wasser aufzutauchen.

89

Aber noch war das wechselvolle, durch Überflutung und Landhebung veranlaßte Geschehen im Ostseeraum nicht zur Ruhe gekommen. Um 5 000 v. Chr. wurde die Verbindung mit dem Weltmeer über die dänischen Meeresstraßen wieder hergestellt, indem das Landgebiet, das von Schleswig-Holstein über Dänemark nach Schweden reichte, in eine Inselgruppe aufgelöst ward. Eine Salzwasser-Schnecke, Litorina litorea, wurde nun bezeichnend für das nacheiszeitliche *Litorinameer*. Seine Ufer sind im Gebiete der Ostsee noch heute deutlich zu erkennen. Besonders schön zeigt sie die Insel Hogland (Suurssari), ein waldbedecktes Felseneiland im Finnischen Meerbusen. Die Spuren der Wellentätigkeit erstrecken sich vom gegenwärtigen Meeresspiegel bis zum höchsten Gipfel der Insel

Abb. 57. Professor MATTI SAURAMO/Helsinki auf dem Strande des Litorina-Meeres (22 m über dem heutigen Meeresspiegel) Insel Suurssari, Finnischer Meerbusen. E. E.

bei 158 m. Sie wird von einer Anzahl alter übereinander angeordneter Geröllstrande umgürtet. Vom Ufer des Baltischen Eissees über Yoldiameer und Anclyussee herunter bis zum Litorinastrand sind hier — modellschön gestaltet und in die nordischen Wälder eingebettet — alle spät- und nacheiszeitlichen Ufer des Ostseegebietes vertreten. — Bei der Überflutung an der deutschen Ostseeküste entstanden deren heutige Formen mit Föhrden, Bodden und Nehrungen.

Bei fortschreitender Aussüßung durch die Verengung der Sunde und Belte Dänemarks entwickelte sich die heutige Ostsee aus dem Litorinameer. Finnland aber steigt immer weiter aus den Fluten auf als die „herbe Tochter der Ostsee", von diesen in jedem Jahrhundert, wie einer seiner Dichter sagt, „beschenkt mit einem neuen Großherzogtum".

# 9. Pflanze und Tier
## lebten während des Großen Eiszeitalters

Die Erörterungen über die eiszeitliche Schneegrenze und die aufgeführten Beispiele konnten nur Bedeutung für die letzte aller bisher eingetretenen Vereisungen des Großen Eiszeitalters haben. Auch die erwähnten Vertreter von Flora und Fauna gehörten vorwiegend in diese Zeit. Es zeigte sich aber doch auch schon, daß die Erde in früheren Abschnitten des Eiszeitalters ebenfalls nicht ohne Leben war. Da und dort stößt man in seinen Ablagerungen immer wieder auf Lebensspuren, die die staunenswerte Tatsache erhellen, daß Leben, sogar von vielerlei Art, auch die sich wiederholenden Klimakatastrophen zu überstehen vermochte.

Da die Eisausdehnung sehr wechselte und damit auch die klimatischen Zustände im Umland, mußten immer wieder Änderungen in der geographischen Verbreitung der Tier- und Pflanzenwelt eintreten. Wenn die nordischen Eismassen wieder anwuchsen, drängten sie Tiere und Pflanzen vor sich her in Südrichtung. Auch die Tiere der kalten Steppen des Ostens verbreiteten sich bis nach Mittel- und Westeuropa hinein. Beim Rückzug der Vergletscherungen kehrten sich diese Vorgänge wieder um.

Es ist zwar unverkennbar, daß sowohl glaziale, d. h. *kaltzeitliche*, wie auch interglaziale, d. h. *warmzeitliche Tier- und Pflanzenarten* auftreten. Aber nicht in jedem Einzelfall läßt sich die Klimazugehörigkeit mit voller Sicherheit entscheiden. Denn Überschneidungen in der Verbreitung der Tiere und ganze, zunächst unbegreifliche Mischfaunen treten auf. Das zeigen die Tierüberreste, von denen man hauptsächlich Knochen und Zähne findet. Große jahreszeitliche Wanderungen, insbesondere der Säugetiere, die im Winter des Eiszeitalters gen Süden, im Sommer gen Norden zogen und die dann zeitweise mit den Standformen eines anderen Klimas zusammenlebten, mußten zu solch schwer deutbaren Funden führen. Man kann also damit rechnen, in manchem Fall eher Toten- als wirkliche Lebensgemeinschaften aufgefunden zu haben. Eine vollständig befriedigende Gliederung des Eiszeitalters mit Hilfe von tierischen Fossilien, wie sie für die älteren erdgeschichtlichen Zeitabschnitte zur Grundlage der Schichtengliederung wurden, läßt sich also nicht durchführen. Zuverlässiger in dieser Hinsicht sind die standortgebundenen Pflanzen.

## Die Pflanzenwelt

Es ist zunächst vielleicht ein ungewohnter Gedanke, daß die Lebensformen auf der Erde nicht immer die gleichen waren und daß hinter dem, was wir heute als eine bestimmte Pflanzen- und Tierart vor uns sehen, eine Jahrmillionen währende Entwicklung steht. Uns sind diese lebenden Wesen, ihr Aussehen und ihre Lebensäußerungen zu Unrecht zu einer Selbstverständlichkeit geworden.

Wir haben vollständig gut erkennbare Tierüberreste, Fossilien oder Versteinerungen, die ein Alter von 500 Millionen Jahren besitzen. Sie finden sich in Gesteinsschichten, für die man, nach einer Untersuchung mit den modernen radioaktiven Methoden, ein solches Alter fordern darf. Eine Anzahl von Stämmen wirbelloser Tiere sind in diesen ältesten Schichtgesteinen erstaunlicherweise schon fix und fertig da. Sie müssen sich in vorausgehenden Jahräonen entwickelt haben, aus denen die Gesteine keine oder fast keine Kunde mehr geben können. Zwei Milliarden Jahre mögen schon vergangen gewesen sein, bis sich das Leben zu diesen frühen, noch erhaltenen Stufen hinaufentwickelt hatte. In der Braunkohlen- oder Tertiärzeit, die ja „nur" die letzten 60 Millionen Jahre vor der Eiszeit umfaßte, und sogar schon in der ihr vorausgehenden Kreidezeit, bereitete sich die heutige, hochentwickelte *Blütenflora* vor. Es war die Flora der sog. „bedecktsamigen" Blütenpflanzen. Immer neue Arten entstanden im Laufe der Jahrtausende. Am Ende der Tertiärzeit und damit zu Beginn des Eiszeitalters waren alle Gattungen und zahlreiche Arten von heute schon vorhanden, aber auch noch sehr vieles mehr, was in den jetzigen Floren großer Teile der Erde nicht mehr zu sehen ist. Dem Großen Eiszeitalter mußte auch die Pflanzenwelt ihre Opfer bringen. Ganz besonders gilt dies für die voreiszeitliche Pflanzenwelt Europas, das besonders viel einbüßen sollte. Den ehemaligen Reichtum des Waldes zeigen die mit Blattabdrücken übersäten Gesteinsplatten vom Schiener Berg bei Öhningen am Bodensee-Rhein. Sie stammen aus der Tertiär- oder

Braunkohlenzeit. Schon O. HEER hat in seiner „Urwelt der Schweiz" im Jahre 1865 aus diesem ehemaligen Paradies eingehend berichtet, und heute wird es wieder von südwestdeutschen Forschern untersucht. Feigen-, Amber- und Zimtbaum, Lorbeergewächse und unendlich viel anderes wuchs damals zusammen mit unseren heutigen Laubbäumen im subtropischen Walde der Bodenseegegend.

Die Pflanzenwelt der letzten Million Jahre würde einen allmählichen Übergang von dieser unter einem warmen Klima entstandenen tertiären zur heutigen Flora des gemäßigten Klimas zeigen, wenn ihre Weiterentwicklung nicht immer wieder durch jenes dramatische Naturgeschehen unterbrochen worden wäre: Die Einbrüche polarer Klimaverhältnisse und die Vereisung größter Landoberflächen. Wir wissen mit Bestimmtheit, daß jeglicher Baumwuchs in einer mindestens 250 km breiten Gürtelzone vor dem Nordischen Inlandeis fehlte. Auch das Eisstromnetz der Alpen war — mindestens auf der Nordseite — von einem baumleeren Tundrengürtel umgeben, wie er heute nur mehr in den arktischen Gebieten besteht. Mitteleuropa war infolgedessen bis an den Alpensüdrand ganz waldfrei und nur die wärmsten Teile der oberrheinischen Tiefebene, Mährens, Ungarns werden vielleicht Waldwuchs gehabt haben.

Daß die kleine Dryasgesellschaft diese kalten Einöden zu besiedeln vermochte, haben wir schon gehört. Die polare Waldgrenze liegt heute im nördlichsten Finnisch-Lappland. Nördlich der Südgrenze der baumlosen Tundra erreicht heute die durchschnittliche Julitemperatur $+ 10°C$ nicht mehr. Während der Vereisungen lagen die Waldgebiete Europas in den Mittelmeerländern. Wo heute der Ölbaum und die Feige fruchten, standen Tannenwälder in den niederschlagsreichen, in ein gemäßigtes Klima gerückten Gefilden Italiens. Alle Klima- und Vegetationsgürtel hatten sich gegen den Äquator hin verschoben. Wir wissen jetzt, daß der Wald aber auch während des Großen Eiszeitalters immer wieder gen Norden zurückgewandert ist, sobald die klimatischen Verhältnisse das erlaubten. Aber es konnten nicht alle Bäume und Pflanzenarten, die uns heute lieb sind, gleichzeitig zurückkehren. Das Klima besserte sich nur schrittweise und nahm dann, als es einer neuen Eiszeit entgegenging, auch nur schrittweise wieder eine Wendung zum Schlechteren. So mußten auch die Bäume, je nach ihren Ansprüchen an Wärme und Niederschlag, eine ganz bestimmte Reihenfolge einhalten. So manche Art blieb bei diesem Lebenskampf ganz auf der Strecke. Wenn uns dieses Geschehen heute deutlich geworden ist, so verdanken wir das den düsteren Torfmooren und der schwedischen Wissenschaft (L. v. POST), die das berühmte Verfahren der Pollenanalyse zur Feststellung der Florenentwicklung ausgearbeitet hat. Wir werden darauf später zurückkommen.

Der Verlauf der *Wiederbesiedlung des Landes durch den Wald* nach einer Vereisung war meist folgender: Zuerst treten die anspruchslosesten der Waldbäume, Espe, Birke und Kiefer auf. Nach der späteren Ankunft von Fichte, Ulme, Hasel und Erle entwickelt sich dann der sog. Eichenmischwald, der unsere schönsten Laubbäume, Eiche, Linde, Esche, Ahorn usw. enthält und auf ein besonders günstiges Klima hinweist. Es folgten Hainbuche und Buche. Naht eine neue Vereisung heran, geht es wieder rückwärts: Fichte, Kiefer, Birke herrschen wieder vor, bis zuletzt die Dryasflora zurückkehrt. In der Nacheiszeit spielte sich eine entsprechende Entwicklung bis zum heutigen Stand ab. Kleinere Variationen bei der Ankunft der einzelnen Bäume sind bei diesem Schema nicht berücksichtigt, traten aber natürlich je nach Gebieten auf. So fehlt z. B. wohl überall die Buche während der letzten Interglazialzeit.

Auch das *Aussterben mancher Pflanzenarten* während des Eiszeitalters läßt sich verfolgen. Die Gattung Sequoia, die heute noch in mehrere Tausend Jahre alten, über 100 m hohen Exemplaren in abgelegenen Teilen der kalifornischen Gebirge lebt und unter dem Namen Mammutbaum Weltberühmtheit hat, ist noch in der Braunkohle des Geiseltales bei Halle, die ja die herrlichsten Tier- und Pflanzen-Funde geliefert hat, die herrschende Baumart. Sie ist aber schon vor dem Großen Eiszeitalter in Deutschland ausgestorben. Anders die Hemlock- oder Schierlingstanne, jener graziöse Nadelbaum mit pagodenförmig ausgebreiteten Zweigen, der jetzt noch in den Wäldern Nordamerikas gedeiht, jedoch in Europa dem Eiszeitalter nicht standhalten konnte; Magnolie, Hickory und Tulpenbaum, die heute zu den schönsten Gewächsen in den üppig wuchernden Wäldern der südlichen Appalachen gehören, sind noch am Ende der Tertiärzeit bei Frankfurt gewachsen. Andere Pflanzen sind erst im späteren Verlauf des Eiszeitalters

aus Europa dahingegangen. So die purpurne Brasenia, eine See-
rosenart, und der Walnußbaum als Waldbaum. Noch nach der
letzten Vereisung fand sich die schwimmende Wassernuß sehr
häufig sogar in den nordischen Ländern und manche andere Art,
die heute ganz oder fast ganz fehlt.

## Die Tierwelt

Es ist vielleicht interessant, zunächst einige Tierarten zu erwähnen, die aus der Tertiärzeit ohne Unterbruch in das Große
Eiszeitalter hinüberreichen und die eine exakte versteinerungs-
kundliche Grenzziehung zwischen beiden Erdzeitaltern unmög-
lich machen. Da ist der *Säbelzahntiger und das Trogontherium*, eine
Riesenbiber-Art. Das Senckenberg-Museum in Frankfurt besitzt
ein komplettes Skelett des ersteren, an welchem besonders der
außerordentlich verlängerte, scharf zugespitzte Eckzahn auffällt.

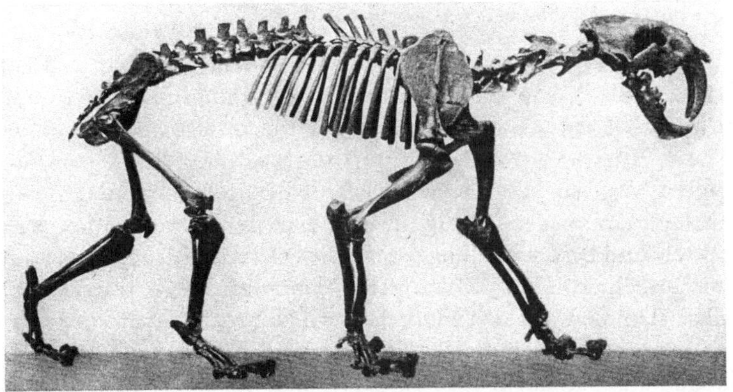

Abb. 58. Skelett eines Säbelzahntigers. Senckenberg-Museum, Frankfurt a. M.

Er findet sich noch in früheiszeitlichen Ablagerungen wie bei
Mauer, unweit Heidelberg, das wir später als Fundstätte des
„ältesten Europäers“ kennenlernen werden.

Unter den typischen Eiszeittieren war eine der wichtigsten
Gattungen diejenige der *Elefanten*. Sie scheinen von einer spät-
tertiären Art auszugehen, die noch eben das Eiszeitalter erreichte.

Das ist der „*Südelefant*" (Elephas meridionalis), der die gewaltigste Körpergröße von allen Vertretern seiner Gattung erreichte. Von ihm zweigten 2 Stämme ab in das Eiszeitalter hinein, von denen der eine, als Endpunkt, den sog. *Alt- oder Waldelefanten* (E. antiquus) aufweist. Er besaß gerade Stoßzähne und kann bis ins letzte Interglazial hinein verfolgt werden. Er muß ein Waldtier gewesen sein und wird als Klimaanzeiger für eine Warmzeit angesehen. Die zweite Elefantengruppe mündet in das am besten bekannte *Mammut* (E. primigenius), das für den jüngeren Teil des Großen Eiszeitalters bezeichnend ist. Es hatte Stoßzähne, die erst nach vorne gerichtet und dann aufwärts gedreht

Abb. 59. Zeichnung eines Mammuts (Länge 0,72 m) in der Höhle „Les Combarelles", Dordogne, Frankreich. Nach Kühn

waren. Wir haben die naturgetreuesten Abbildungen von ihm in den Höhlenzeichnungen des Steinzeitmenschen. Seine Backenzähne, die die Größe eines Pflastersteines erreichen und die breiter sind als die des Waldelefanten, ebenso wie auch seine Stoßzähne, werden häufig in Kiesgruben gefunden, wo man mittel- und besonders jungeiszeitliche Schotter abbaut, oder auch im Lößlehme. Die großartigsten Mammutfunde in ungeheurer Zahl stammen aus den Flußschottern Nordostsibiriens, aus dem Tal der Jana und Indigirka. Hier wurden bis 1915 schon 50000 Mammute gefunden. Ihre Kadaver sind im sibirischen Dauerfrostboden wie in einem Kühlschrank eingefroren und so frisch, daß man sich von den Weichteilen noch ein — wenn auch unappetitliches — Schnitzel hätte braten können. Die Tiere waren mit Haut und Haar und Nahrungsresten zwischen den Backenzähnen und im Magen erhalten. So wissen wir, daß dieser Elefant bestens an die Kälte angepaßt war und einen dichten, rotbraunen Wollhaarpelz besaß, mit $^1/_2$ m lang herunterhängenden Bauchfransen.

96

Unzertrennlich von den Elefanten scheinen *Nashörner* gewesen zu sein. Es gab mehrere Arten, die jeweils immer zusammen mit ein und derselben Elefantenart auftreten. Auch das Flußpferd, heute nur in Afrika, zeigt sich häufig in älteren warmen Abschnitten des Eiszeitalters im westlichen Mitteleuropa, wo es bis

Abb. 60. Bisons aus der Grotte Font de Gaumes. Les Eyzies, Frankreich.
Editions des Monuments Historiques, Paris

nach England hinaufgeht; es deutet auf ein feuchtes Klima in den Interglazialzeiten hin.

Eine außerordentlich interessante und komplette Ahnenreihe führen uns die *Pferde* des späteren Tertiärs vor. Die schrittweise Entwicklung vom vier- über den drei- zum einzehigen Pferdefuß, dem Huf, läßt sich an vielen Funden nachweisen, die ein Paradestück der großen naturwissenschaftlichen Museen in aller Welt darstellen. Aus diesen Pferdearten gingen im Großen Eiszeitalter eine Reihe von verschiedenen Wildpferden hervor, von denen ein Teil ausgestorben ist, andere Arten aber noch in den Steppen Asiens leben.

*Rinder, Hirsche und Raubtiere* entwickelten weiter sehr bezeichnende Formen während des Eiszeitalters. Der Ur- oder Auerochs hat noch lange in die historische Zeit hinein gelebt und im Frankfurter Tiergarten wurde der *Wisent* weitergezüchtet. Sein amerikanisches Gegenstück ist der *Bison*, der vor dem Kommen des Weißen Mannes noch zu Millionen die Prärien bevölkerte und dessen letzte Vertreter heute in den Nationalparks eine Heimstatt

Abb. 61. Riesenhirsch aus Britischen Mooren. Senckenberg-Museum, Frankfurt a. M.

haben und sich auch wieder vermehren. Der *Moschusochse* fand schon Erwähnung als betont kälteliebendes Tier. Allerdings ist nicht ganz klar, wann er sich seine Kälteanpassung erworben hat. Während des Eiszeitalters finden wir ihn, der sich heute nur in polaren Gegenden Nordamerikas und in Grönland hält, in Europa bis nach Südwestfrankreich hinein und in Nordamerika in den Südstaaten der Union.

98

Unter den Hirschen des Eiszeitalters ist der *Riesenhirsch* mit seinem kolossalen Geweih ein Phänomen. Er könnte das Wappentier Irlands sein, so häufig wurde er an der Basis der Torfmoore der „Grünen Insel" gefunden. Und schließlich ist besonders bezeichnend für den jüngeren Teil des Großen Eiszeitalters das an Kälte angepaßte Renntier, das ebenfalls bis Südfrankreich und

Abb. 62. Skelett eines Höhlenbären. Tropfsteinhöhle von Erpfingen/Schwäbische Alb. Gebr. Metz, Tübingen

zur Krim vordrang, während es heute auf den Fjällen Skandinaviens, in den Tundren Nordrußlands, Sibiriens und Nordamerikas sowie in den nördlichsten subarktischen Wäldern zu Hause ist.

Seine Geweihschaufeln spielen eine große Rolle in den Knochenwerkzeugkulturen des jüngeren Abschnittes der Älteren Steinzeit.

Eine wichtige Rolle unter den Eiszeittieren fällt besonders den *Höhlentieren* zu: Höhlenlöwe, Höhlenhyäne und ganz besonders dem Höhlenbären; im Umkreis des Alpengebietes, auf der Alb usw. wurden sie in einzelnen Höhlen zu Hunderten und Tausenden von Exemplaren gefunden, so z. B. in der Tischoferhöhle bei Kufstein im Kaisergebirge in Tirol, in der Wildkirchlihöhle hoch über dem Vierwaldstätter See, in den französischen Südalpen usw. Die Höhlentiere starben noch vor Ende des Eiszeitalters aus.

In Nord- und Südamerika ist noch eine Tierfamilie mit eiszeitlichen Arten reichlich vertreten, die in Europa ganz fehlen. Es sind von den sog. „Zahnarmen" die *Riesenfaultiere*.

Wie schon erwähnt, treten die Überreste mancher Tierarten des Eiszeitalters immer wieder zusammen auf, offenbar weil die Tiere eine Lebensgemeinschaft bildeten wie Waldelefant und Merck̓sches Nashorn in einer Warmzeit und Mammut und Wollnashorn in einer Kaltzeit. Häufig treten diese beiden letzteren zusammen mit dem Ren als „*kaltes Trio*" auf. Den letzten Höhepunkt in der Entwicklung der eiszeitlichen Tiere stellt das Ren und das Wildpferd dar, von denen das erstere die nordische Tundra und das zweite die östliche Steppe repräsentieren. Das trifft genau so zu auf eine *Nagerfauna* mit Tundrenformen wie den Schneehasen und den sibirischen Lemming. Als *hochalpine Formen* gesellen sich den hochnordischen Tieren Steinbock, Gemse, Murmeltier und Alpenschneehuhn. Als *Steppenformen* stehen diesen Tieren gegenüber Ziesel, Pferdespringer, Pfeifhase u. a.

Manche dieser Tiere gibt es heute noch bei uns in Deutschland und in anderen Ländern. Es sind lebende Andenken an die Eiszeit wie Schneehase und Schneehuhn, sog. *Glazialrelikte*. Diese beiden im Winter weißgefärbten Tiere kommen sowohl im hohen Norden, wie in den mitteleuropäischen Gebirgen vor. Zur Eiszeit haben sie wohl auch in den Zwischenarealen gelebt; ihr Verbreitungsgebiet zerriß aber durch den Klimawechsel. Die alpine Planarie, ein kleiner Strudelwurm aus der Eiszeit, findet sich noch heute weitverbreitet in kalten Quellen und in ganz besonders großer Zahl in kalten Alpenseen. Auch unsere Renken in den Voralpenseen und die Maränen in den Seen Norddeutschlands gehören in diesen Zusammenhang hinein. Praktisch dürften so ziemlich aus jeder Tierfamilie noch Glazialrelikte vorhanden sein. Ein besonderer Leckerbissen für die Zoologen ist die heutige weltweite Verbreitung der Hummeln mit ihren interessanten Einzelheiten, die auf den Einfluß der Vereisungen zurückgeführt werden können. Mehrere Hummelarten leben sowohl im hohen Norden, wie auch in den Alpen und den Pyrenäen. Unter den Vögeln werden als Glazialrelikte der Dreizehenspecht, der Mornellregenpfeifer, die Ringamsel und der Birkenzeisig angesehen.

Viele Tiere und Pflanzen sind dem vorstoßenden Eise ausgewichen und haben sich an klimatisch begünstigten Orten, ihren „Refugien", am Leben erhalten können. Nach dem Abschmelzen des Eises und mit fortschreitender Klimabesserung drangen dann diese Tier- und Pflanzenarten wieder in die verlassenen Gebiete hinein vor.

So sind, ebenso wie manche Tiere, auch noch manche Pflanzen eine lebendige Nacherinnerung an das Große Eiszeitalter. Wir erinnern uns an die kleine Dryas octopetala, die Silberwurz und an die zierliche Zwergbirke, die heute noch in den Mooren Finnlands, ebenso wie in denen des Alpenvorlandes, bewundert werden kann.

## 10. Die erste Entfaltung des Menschengeschlechtes

Wenn das Menschengeschlecht auch erst während der letzten Million Jahre, d. h. während des Großen Eiszeitalters zu seiner vollen Entfaltung kam, so ist es doch in seinem Sein und Werden aufs tiefste verbunden mit der ganzen Geschichte des Lebens auf unserem Planeten. Pflanze und Tier sind schon unendlich viel länger auf dieser Erde als der Mensch. Die heutige Erscheinung und Lebensart jedes einzelnen dieser Organismen wurzelt in Geschehnissen und Entwicklungen von fast unausdenkbar fernen Urzeiten. Das Leben auf der Erde ist weit mehr als 500 Millionen Jahre alt[1]. Es gibt eine Stelle auf der Erde, wo man es bis in frühe Zustände hinein und hinunter verfolgen kann.

Das ist die gähnende Tiefe der großen Coloradoschlucht in Arizona, des „Grand Canyon" im Großen Südwesten Nordamerikas. Wenn man vom Rande in die 1500 m tiefe Wüstenschlucht hinuntersieht, so wird man nicht nur von dem geradezu phantastischen Landschaftsbild überwältigt. Man wird auch ergriffen von dem Gedanken, daß hier, in einem der tiefsten natürlichen Einschnitte der Erdrinde, die übereinander folgenden Erdschichten wie die Blätter eines uralten Codex Millionen Jahre des ältesten Lebenswerdens auf der Erde aufgezeichnet haben. In den untersten Schichten, die auf der ältesten Erdrinde liegen, finden sich nur undeutliche Überreste von Meeresalgen und die Schilde blinder, krebsähnlicher Tiere, welche vor Hunderten von Millionen

---

[1] 1954 wurde in Feuersteinschichten am Lake Superior eine mikroskopisch kleine Flora von einzelligen, koloniebildenden Algen, Pilzen und eine Fauna von einzelligen Tieren, alles Meeresbewohner mit einem Alter von 2 Milliarden Jahren entdeckt.

Jahren bereits wieder ausstarben. Weiter hinauf geht es über die Stämme aller wirbellosen Tiere, bis zum oberen Schluchtrande hin, von den Wirbeltieren schon die ersten Fische, Amphibien und Reptilien vertreten sind. Doch entstammen sie alle erst nur dem „*Altertum*" der Erde und zeigen noch nicht die vollständige Entwicklung des Lebens. Zwei andere, weithin berühmte Wüsten-

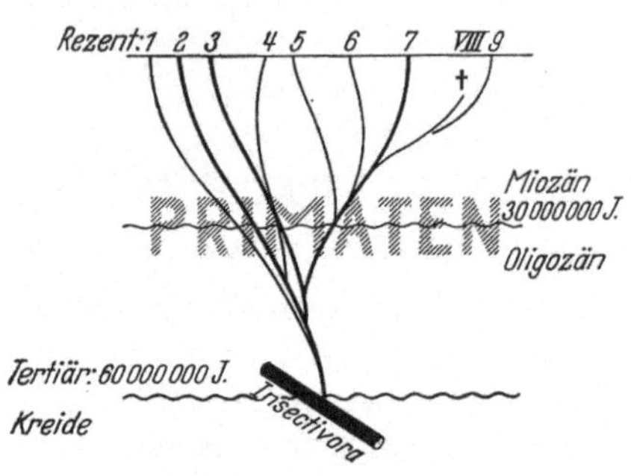


Abb. 63. Entfaltung der Primaten. 1 Finger-
tier, 2 Lemuren, 3 Koboldmaki, 4 Neuwelt-
Affen, 5 Altwelt-Affen, 6 Gibbons, 7 Menschenaffen, 8 Australopithecus, 9 Moderner
Mensch. Nach v. KOENIGSWALD

schluchten im Nachbar-
staate Utah müssen dazu besucht werden. Ihre Gesteinsschichten und Ver-
steinerungen stammen aus dem „Mittelalter"
und der „Neuzeit" der Erdgeschichte.

Während dieses *Mittel-
alters* haben die Reptilien die Vorherrschaft unter den höheren Tieren. Der erste Vogel kommt hin-
zu. Im bayerischen Jura bei Solnhofen wurde dies wohl berühmteste aller Fossilien gefunden. Riesige Ammonshörner beleben die Meere. Die Fische verlieren ihren äußeren Panzer und entwickeln ein knöchernes Innenskelett. Die Landflora besteht zunächst noch aus nacktsamigen Blütenpflanzen, vor allem Nadelhöl-
zern. Während des Erdmittelalters erscheinen die bedecktsamigen Blütenpflanzen, vor allem die Laubhölzer. Große Kettengebirge von alpinem Charakter beginnen zu entstehen. Mit dem Beginn der *Erdneuzeit* werden die höheren Säugetiere zu den Beherrschenden unserer Erde. Der gewaltige Aufschwung der bedecktsamigen Blütenpflanzen und ihre Entfaltung in zahlreiche Arten geht Hand in Hand mit Aufschwung und Artenzunahme der Insektenwelt. War die Entstehung der Steinkohlen aus den Wäldern des Erdaltertums bezeichnend für dieses, so ist es nun der Braunkohlen-
wald, dessen verkohlende Gewächse uns den wichtigen Rohstoff hinterließen. Zu Ende der *Braunkohlen-* oder *Tertiärzeit* ist dann die Umwelt bereit, die den Menschen gebären und tragen soll. Seine Ursprünge reichen in die Tertiärzeit hinein, wenn wir auch bis

jetzt noch keinen tertiären Menschen kennen: Den Menschen als ein Mitglied der „Primaten“ oder „Herrentiere“, die außer ihm selbst noch die Halbaffen, Affen und Menschenaffen (Gorilla, Schimpanse und Orang Utan) umfassen. Die Bühne war geschaffen für das große, mehraktige Drama des Eiszeitalters, das nun beginnen sollte. Die Vorgeschichtsforschung betont, daß der Mensch

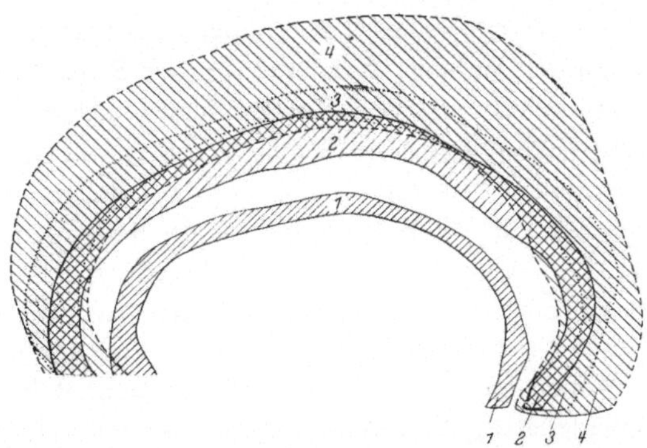

Abb. 64. Rauminhalt der Gehirnschädel: 1 Menschenaffe, 2 Sinanthropus, 3 Neandertaler, 4 Moderner Mensch. Nach WEIDENREICH

nicht in einem Paradies entstand, sondern eher deshalb, weil ein Paradies, nämlich das warme Klima der Tertiärzeit, dahinging. Die Klimawandlungen und -katastrophen des Eiszeitalters waren es, die die größten Anforderungen an den Vorzeitmenschen stellten. Sie verlangten die Ausbildung seiner geistigen Fähigkeiten, die ihm das Überleben ermöglichten.

Die moderne Wissenschaft ist zum Verzicht auf die Auffassung gekommen, daß der Mensch „vom Affen abstamme“. Auch das seit Darwin gesuchte „missing link“, das Übergangsglied zwischen beiden, braucht sie nicht mehr zu suchen. Sie kann aber auch nicht sagen, daß der Mensch in keiner Beziehung zum Affen stünde. Es besteht eine anatomische Übereinstimmung zwischen dem Menschen und dem Menschenaffen, die auf einen gemeinsamen Vorläufer hinweist. Im Dunkel der tertiären Vorzeit müssen diese gemeinsamen Ahnen gesucht werden. Von ihnen aus konnten dann der Menschenaffen- und der Menschenstamm ihre auseinanderstrebenden Bahnen beschreiten: Weiterer, zu einem

Entwicklungsabschluß führender Spezialisierung bei den Menschenaffen als Schwingkletterer und schöpferischer Höherentwicklung zum „Gehirntier" beim Menschen. Im letzten Abschnitt der Tertiärzeit, damals, vor etwa 10 Millionen Jahren, als sich die ganze Säugerfauna weitgehend verwandelte und moderne Typen herausgebildet wurden, muß auch die Menschwerdung eingesetzt haben.

Allererste Anzeichen des „Menschlichen" in unserem Lande finden sich schon in den sog. Bohnerzen in der Schwäbischen Alb bei Salmendingen: Die menschenähnlichen Zähne des Affen Dryopithecus. Die eigentliche Wiege des Menschengeschlechtes muß in Asien und Afrika gestanden haben. Mit Bestimmtheit kann man sagen, daß sich seine Entwicklung in der Alten Welt abgespielt hat. Die Neue Welt, Amerika, kennt weder Menschenaffen noch Frühmenschenformen. Grell wie ein Blitzstrahl erleuchtet dieser Umstand die Tatsache, daß auch die Kontinente in den Jahräonen der Vorzeit „Schicksale" gehabt haben. Und zwar verschiedenartige Schicksale im erdgeschichtlichen Geschehen, die auch die Geschicke des Lebens auf ihnen in verschiedenartige Bahnen verwiesen und deren Auswirkungen noch heute von größter Bedeutung sind.

Die Frage ist aber nun die: Wo sind die Frühformen des Menschen zu finden, wenn wir schon so viel wissen, daß er ein Kind der Alten Welt ist. Bevor man nach einer Antwort sucht, ist vorauszuschicken, daß die zeitgenössische Wissenschaft auch bei Lösung dieser Frage sehr fruchtbar ist und in schneller Entwicklung immer neues, bedeutungsvolles Material aus dem Boden fördert. Besonders die letzten 30 Jahre waren ergebnisreich. An dieser Stelle können natürlich nur einige wesentliche Ergebnisse hervorgehoben und einige besonders eindrucksvolle Fundstätten in verschiedenen Ländern kurz geschildert werden.

Es gibt in Ostafrika in tertiären oder aus dem frühesten Eiszeitalter stammenden Gesteinen eine gemeinsame Urmenschen-Menschenaffenschicht, in der die stammesgeschichtliche Verwurzelung beider deutlich wird. In Transvaal, in Südafrika wurde der „*Australopithecus*" oder „*Südaffe*", ein ältesteiszeitlicher *Halbmensch* (Alter vielleicht 1 Million Jahre) in mehreren Formen gefunden. Er „bleibt im Äffischen stecken" (v. KOENIGSWALD,

1955), obgleich menschliche Merkmale schon überwiegen. Java
und China haben die *Frühmenschen* oder „*Anthropus-Formen*"
geliefert. Der erste bedeutende Fund war der sog. Pithecanthropus erectus von Java im Jahre 1891. Die Bezeichnung „Anthropus" zeigt an, daß hier schon das Schwergewicht auf der menschlichen Seite liegt. Es handelt sich bei diesen Vertretern des
Frühmenschen um Typen, die
den ältesten Abschnitten des
Eiszeitalters zugerechnet werden müssen. Sie sind damit
300 000 bis 600 000 Jahre alt.
Als Kennzeichen ihres Menschentums sieht man den Gebrauch des Feuers und denjenigen absichtlich als Steinwerkzeuge zugerichteter Gesteinsbruchstücke an. Die Anthropusmenschen gingen auf-

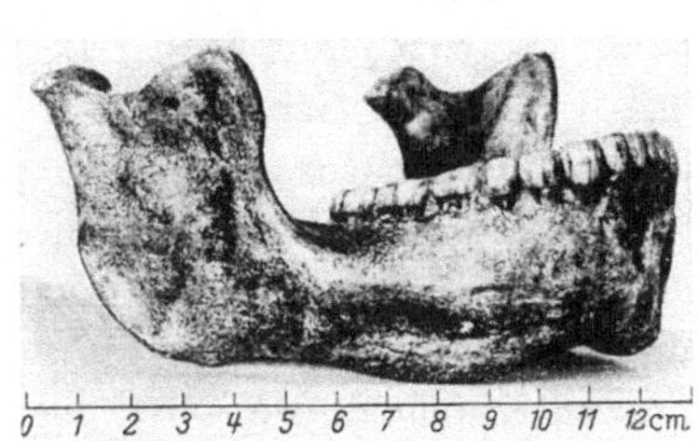

Abb. 65. Unterkiefer des „Homo Heidelbergensis". Geologisches Institut
der Universität Heidelberg

recht; sie waren Kannibalen. Der aufrechte Gang, die Vergrößerung des Gehirns und das Freiwerden der vom Gehirn gesteuerter
Hand sind die wichtigsten körperlichen Kennzeichen des werdenden Menschentums. Während der zu den Menschenaffen gehörende Gorilla eine Gehirnmasse von nur 600 cm³ hat, besitzt
der heutige Mensch 1350 bis 1500 cm³.

In das Altdiluvium gehört auch ein in Deutschland gemachter,
besonders bedeutsamer 300 000—500 000 Jahre alter Fund hinein.
Es ist der berühmte „Homo Heidelbergensis", ein auffallend plumper Unterkiefer, der in einem Stahlschrank der Universität Heidelberg aufbewahrt wird. Er wurde 1907 im Sande einer vom Fluße
wieder verlassenen, ehemaligen Neckarschlinge bei Mauer, 45 m
über der heutigen Neckaraue, gefunden. Der Neckar hatte einmal
— vor Jahrhunderttausenden — die Schlinge nach Süden, in den
Kraichgau hinein, vorgetrieben. Unter 24 m dicken Sand- und
Schotterschichten lag der Überrest des „ältesten Europäers" in
einer Totengemeinschaft mit zahlreichen alteiszeitlichen Tieren.
Als der Kiesgrubenbesitzer zu dem damaligen Leiter des Geologischen Institutes der Universität Heidelberg kam und ihm das
Fundstück mit den Worten „Herr Professor, ein Mensch" vorlegte,

da nahm es dieser erschüttert entgegen, denn es war der älteste Menschenrest, der je auf europäischem Boden geborgen worden war. Der auffallend dicke Kieferknochen hat menschliche Zähne und die Zahnbögen laufen nicht parallel wie beim heutigen Affen, sondern weichen hufeisenförmig auseinander; ein Kinnvorsprung fehlt noch. Die ganzen Fundumstände weisen darauf hin, daß es sich um einen alteiszeitlichen Jäger gehandelt hat, der die Tiere einer Waldzeit jagte. In der Begleitfauna waren große Raubtiere wie Löwe und Säbelzahntiger vertreten, aber auch zahlreiche andere, jetzt ebenso längst ausgestorbene, diluviale Säugetiere: Waldelefant, etruskisches Nashorn, Flußpferd, Wisent, Elch, Bär, eine große Biberart usw. Schwimmsande, Schlick, Überschwemmungen wirkten hier als Falle, die zu einer Anhäufung dieser uralten Knochenreste führte und uns erlaubt, ein Faunenbild aus der ersten Zwischenwarmzeit zwischen Günz- und Mindelvereisung zu rekonstruieren. Leider wird die Grube heute im Baggerbetrieb ausgebeutet, was zu größten Verlusten für unser Wissen vom Frühmenschen führen kann. Zu Ende des zweiten Weltkrieges fanden sich übrigens unbekannte Barbaren, die dies einzigartige Fundstück aus der Menschheitsgeschichte Europas, den Unterkiefer des Heidelberger Menschen, zerbrachen und ihm zwei Zähne ausschlugen.

Die entwicklungsgeschichtliche Stellung des Heidelbergers wurde erst klarer, als die Reste des *Affenmenschen von Java* durch chinesische Funde ergänzt werden konnten. Man fand bei Peking die Reste von 45 Einzelwesen derselben Stufe, *Sinanthropus pekinensis* genannt. Sie wurden mit Überresten der sie begleitenden altertümlichen Tierwelt aus den Erdmassen, welche eine 50 m tiefe Felsspalte erfüllten, ausgesiebt. Leider gingen diese kostbaren Funde, die glücklicherweise wissenschaftlich schon genau beschrieben waren, während des zweiten Weltkrieges vollständig verloren.

Nur kurze Erwähnung soll noch ein anderer Schädelfund finden, der aber infolge seiner gemischten, d. h. altertümlichen und modernen Merkmale zugleich, sehr wichtig ist. Er stammt aus Schottern bei Steinheim an der Murr in Württemberg. Es ist eine Übergangsform zum heutigen Menschen, die trotz ihres hohen Alters, das durch die altertümlichen Merkmale gesichert ist, doch schon auffallend fortschrittliche Züge aufweist. Dieser Schädel muß in die Mindel-Riß-Interglazialzeit eingeordnet werden, d. h. in die vorletzte Warmzeit, womit man ihm ein Alter von rund 300000 Jahren zuschreiben kann. Der *Steinheimer Mensch* war also um Jahrzehntausende älter als alle „Neandertaler", sieht aber trotzdem menschlicher aus.

Dieser weitest verbreitete *Neandertaler Mensch* ist es, dem wir uns jetzt zuwenden. Es war ein zweiter Fund von überragender Bedeutung für die Menschheitsgeschichte, der ebenfalls in Deutschland gemacht werden konnte. Im Jahre 1856 wurden im romantischen Neandertal bei Düsseldorf in einer kleinen Höhle die Überreste eines nun schon wesentlich jüngeren Urmenschen gefunden. Sie werden im Rheinischen Provinzialmuseum in Bonn aufbewahrt. Sie gaben einer später an zahlreichen Orten der Erde auch wieder aufgefundenen Menschenart den Namen. Der Neandertaler lebte vor 130000 bis mindestens 70000 Jahren während der Riß-Würm-Interglazialzeit und auch noch im ersten Teil der Würmeiszeit. Er zeichnet sich, im Endstadium seiner Entwicklung, durch ein auffallend großes Gehirn aus, das sogar dasjenige des heutigen Menschen an Größe übertraf. Eine stark zurücktretende Stirn, spitz nach hinten ausgezogenes Hinterhaupt, Knochenwülste über den Augen, große runde Augenhöhlen, Vorspringen der Mundpartie und Fehlen des Kinnvorsprunges lassen den Neandertaler Schädel leicht erkennen. Er hat Ähnlichkeit mit dem Schädel eines heutigen Australnegers, jedoch nur in einzelnen Merkmalen. Diese Menschenart ist überall mit der Kulturstufe von Le Moustier, dem sog. *Moustérien* verbunden. Sie schließt den älteren Teil der Älteren Steinzeit ab. Der Neandertaler stellte seine Steinwerkzeuge hauptsächlich aus Abschlägen von Steinen her und sie bestanden vorwiegend aus Handspitzen, Klingen, Kratzern usw. Die früheren Menschenarten hatten sich der Faustkeile bedient. A. RUST hat übrigens neuerdings sogar die primitiven Steinwerkzeuge des Heidelberger Menschen in den Sanden von Mauer aufgefunden.

Nach dem Düsseldorfer Fund ergaben sich in den darauffolgenden Jahrzehnten zahlreiche andere Funde in aller Welt, so z. B. bei Spy in Belgien und La Chapelle aux Saints in Frankreich, zusammen mit Mammut und wollhaarigem Nashorn. Es zeigte sich, daß der Neandertaler ein Kosmopolit war, in Europa und auch sonst in der Alten Welt weitverbreitet. Einer dieser Funde soll hier näher beschrieben werden, weil die Fundumstände besonders anschaulich sind. Man könnte ihn „das älteste Geheimnis vom Cap der Circe" nennen. Sein Entdecker und Deuter war ALBERTO

Abb. 66. Die vom Eiszeitmenschen bewohnte Höhlenküste am Cap der Circe südlich Rom. Istituto Italiano di Paleontologia Umana, Rom

C. BLANC, der bekannte italienische Altmenschenforscher, dessen Funde die früheste Menschheitsgeschichte im Mittelmeergebiet beleuchten. Es sollte ja zur Wiege der abendländischen Kultur werden und verdient deshalb unser besonderes Interesse.

Die das Circäische Cap südöstlich Rom umsäumenden Felshöhlen, die sich in 0—20 m über dem Meeresspiegel öffnen, wurden während der letzten Interglazialzeit von der Meeresbrandung geschaffen; der Meersspiegel erreichte damals einen Hochstand. Während der auf die Interglazialzeit folgenden Würmeiszeit wurden dem Weltmeer wieder gewaltige Wassermassen entzogen, die Höhlen lagen trocken und konnten Mensch und Tier als Zuflucht dienen. Der Meeresspiegel hatte sich wieder um 90—100 m abgesenkt. Große Wanderungen vor der Steilküste müssen damals möglich gewesen sein, da auch die der Küste vorgelagerte, heute wieder überflutete, langsam zum Meere abfallende

Kontinentalplattform trocken lag. Diese trocken gewordenen Bereiche hatten zweifellos eine große Bedeutung für alle Lebewesen. Sie ermöglichten das Eindringen und die Verbreitung von Landorganismen in Regionen, die heute wieder durch Meeresarme oder durch Steilküsten getrennt sind. Die durch die fortschreitende Vereisung des Alpengebirges von den Höhen herunter und an den wärmeren Mittelmeerküsten zusammengedrängte Tierwelt bot reiche Jagdgründe für den Vorzeitmenschen. Das Klima Italiens blieb gemäßigt. Schuttströme versiegelten später den Eingang zu den Brandungshöhlen und trugen zur Erhaltung ihres Inhaltes über viele Jahrzehntausende bei. Am Cap der Circe ergaben die Höhlen reiches Fundmaterial und besonders eine, die Grotta Guattari in einem Weingarten von San Felice Circeo, vermittelte bei ihrer Erschließung im Jahre 1939 ein eindrucksvolles Erlebnis.

Zufällig war die Ausmündung eines Höhlenganges entdeckt worden. BLANC kroch hinein und fand eine größere Grotte sowie eine Folge kleinerer Räume, deren Boden mit den Knochen und Geweihen teilweise längst ausgestorbener Tiere buchstäblich wie übersät war. Sie zeigten ganz unzweifelhaft absichtlich zugefügte Bruchstellen und gehörten Hirsch, Rind und Wildpferd an, aber auch dem Elefanten, Rhinozeros, Flußpferd, Höhlenbär, Höhlenlöwe, Panther usw. Im hintersten Höhlenraum sah BLANC auf dem Boden, in einen ovalen Ring aus Steinen hineingelegt, den Schädel eines Vorzeitmenschen. Seit vielleicht 70000 Jahren mußte er so dort gelegen haben und kein Auge eines „homo sapiens", der Menschenform von heute, hatte ihn je vorher geschaut. BLANC erkannte in dieser Sternenstunde seines Forscherlebens sofort die typischen Schädelmerkmale des Neandertalers. Der unglückliche Besitzer scheint eines gewaltsamen Todes gestorben zu sein, denn eine Schläfe war eingeschlagen und das Hinterhauptsloch künstlich erweitert, zur Herausnahme des Gehirns, wie die Anthropologen annehmen. Wahrscheinlich diente es als rituelle Speise, so wie noch heute bei melanesischen Kopfjägern. Dieser Schädel gehörte nicht nur einem Neandertaler, sondern war aller Wahrscheinlichkeit nach auch von einem solchen in den aus Feldsteinen zusammengetragenen Ring hineingelegt worden. Was BLANC sah, war ein vollständig intaktes „Neandertaler Milieu".

Viele Jahrzehntausende lag also, nur wenige Meter entfernt vom Fuße des unter dem Sonnenhimmel Italiens arbeitenden Landmannes, in seinem finstern Verlies dies uralte Geheimnis vom Circäischen Cap verborgen. Seine Entschleierung brachte eine Bestätigung dafür, daß der Neandertaler sich über weite Bereiche

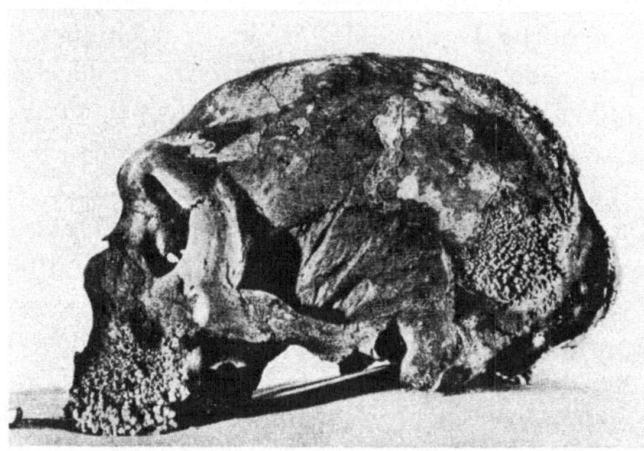

Abb. 67. Von A. C. BLANC am Cap der Circe gefundener Neandertaler. Istituto Italiano die Paleontologia Umana, Rom

der italienischen Halbinsel verbreitet hatte, lange bevor die Zauberin Circe am Cap ihr gefährliches Wesen trieb. Schon früher hatte man in einem Vorort von Rom einen allerdings viel älteren Neandertaler Schädel gefunden. In Italien ebenso wie in Frankreich ist der Neandertaler die älteste bekannte Menschenart.

Auch der Mensch vom Monte Circeo lebte wie die anderen Neandertaler in Westeuropa als Endform einer alten, bedeutenden Menschenart. Doch liegt er seiner ganzen Konstitution nach der späteren Entwicklungslinie des Menschengeschlechtes ferner als andere Rassen, die zu seinen Lebzeiten und früher schon auftauchten und deren Gehirnmasse dabei kleiner war. Der Neandertaler verschwindet, nachdem er mindestens 60000, vielleicht 80000 Jahre die Erde bevölkerte, noch während der letzten Eiszeit, ohne daß man wüßte, ob er von selbst ausgestorben ist oder vom Homo sapiens ausgerottet wurde. K. SALLER führt in seiner neuesten Veröffentlichung über Anthropologie (1956) aus, daß der Neandertaler in Westeuropa eine Sonderentwicklung darstellte und daß, bis jetzt, dort keine Mischlinge zwischen Neandertaler und Jetztmensch gefunden wurden. Im Osten ist es anders. Dort gab es wahrscheinlich einen asiatischen Kreis des Neandertalermenschen, der sich zu den späteren Formen der europäischen Menschheit weiterentwickelte und dann nach dem Aussterben der hochspezialisierten westeuropäischen Form Mittel- und Westeuropa in Besitz nahm.

Daß unsere Kenntnis von den Gebrauchsgegenständen des Früh- und Urmenschen noch lange nicht vollständig ist, beweist ein anderer, sehr eindrucksvoller Fund: der 2,40 m lange *Eibenholzspeer von Lehringen* (bei Verden a. d. Aller, S Bremen, 1948 in einer Mergelgrube ausgegraben). Er entstammt einer Interglazialzeit der Nordischen Vereisung. Er wurde zusammen mit vielen Steinwerkzeugen gefunden, ist angeschärft und im

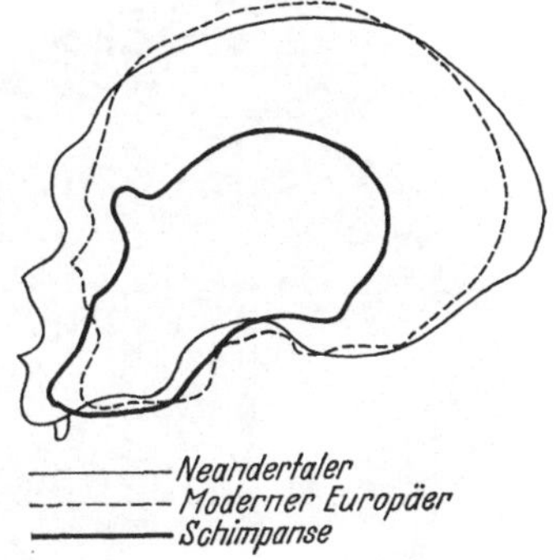


Abb. 68. Größenverhältnisse der Schädel. Nach SALLER

Feuer gehärtet und steckte zwischen den Rippen eines riesigen Waldelefanten-Skelettes, dessen Widerristhöhe an die 5 m beträgt. Der Alt- oder Waldelefant ist schon vor der Würmeiszeit ausgestorben und der Träger des Speeres muß in der letzten Warmzeit, vor vielleicht 150000 Jahren, an den Ufern eines Sees, den Eichenmischwald umgab, auf die Jagd gegangen sein. Näheres über seine Rassenzugehörigkeit ist noch nicht bekannt. Dieser, lebendigste Anschauung vermittelnde Fund ist jetzt im Niedersächsischen Landesmuseum in Hannover.

Ein nächstes entscheidendes Kapitel der Menschheitsgeschichte spielt in Frankreich. Im südwestlichen Teil des Landes, nordöstlich von Bordeaux, befindet sich das Tal der Vézère in der „Dordogne" genannten Landschaft. Sie wurde zu einem klassischen Gebiet für unsere Kenntnisse, besonders über die zweite Hälfte der Älteren Steinzeit, des sog. Jungpaläolithikums. Man könnte dieses Tal die Kulturwiege der Menschheit nennen. Der Fluß durchschneidet dort ein Kalkplateau und bildet ein Tal mit bis zu 70 m hohen, steilen Felswänden. Der Wechsel von harten

und weichen Schichten führte durch beschleunigten natürlichen
Verfall der letzteren zur Ausbildung von überhängenden Fels-
dächern, den „abris" der Franzosen, und der zerklüftete, nicht
allzu schwer lösliche Kalkstein wurde von den Gewässern auch
zu Höhlen ausgelaugt. So entstanden ideale Wohngelegenheiten

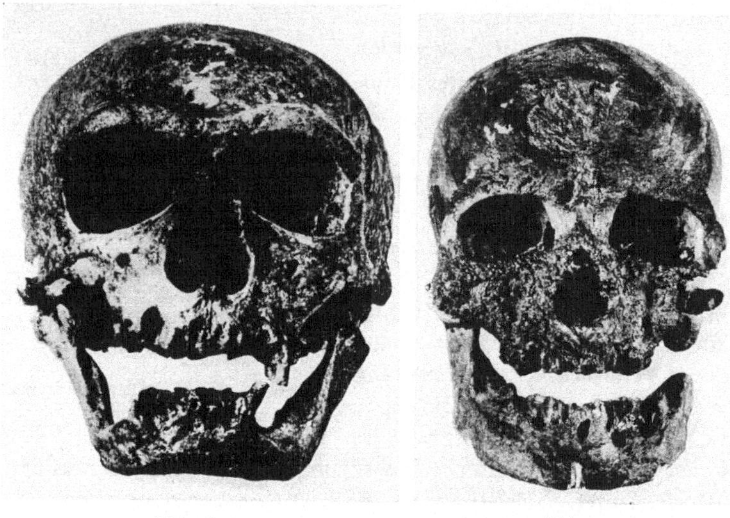

Abb. 69            Abb. 70

Abb. 69. Neandertaler von Chapelle aux Saints, Frankreich. Musée de l'Homme
Paris
Abb. 70. Cro-Magnon-Mensch (Homo sapiens fossilis) aus der Dordogne.
Musée de l'Homme, Paris

für den Eiszeitmenschen, zumal Frankreich nie vom nordischen
Eise erreicht wurde, wenn auch, sogar im Süden des Landes, eine
hochnordische Tundra sich ausbreitete. Auf relativ engem Raum,
in der nahen und weiteren Nachbarschaft des Ortes Les Eyzies sind
dort die Fundstätten vereinigt, welche so viele der berühmten
Namen aus der Vorgeschichte tragen: Le Moustier, La Madeleine,
Cro-Magnon usw. Die Wende vom älteren Teil der Altsteinzeit,
also des Altpaläolithikums, das mit der Kultur von Le Moustier
und dem Neandertaler abschließt, zu ihrem jüngeren Abschnitt,
dem Jungpaläolithikum, das die Kulturen der Aurignac-, Solutré-
und La Madeleinestufe umfaßt, ist hier besonders deutlich. Nun

tritt der langschädelige, hochbeinige *Cro-Magnon-Mensch*, dessen
hoch aufgerichtete Stirne, Kinnvorsprung, viereckige Augenhöhlen usw. ihn sofort vom Neandertaler unterscheiden, zuerst
hervor. Die französische Vorgeschichtsforschung unter Führung
von Abbé Breuil hat hier Hervorragendes geleistet. Sie konnte
die Kulturen des Altpaläolithikums, die vorwiegend auf derben
Steinfaustkeilen beruhten, von den eleganteren und fortschritt-
licheren Werkzeugen des Jungpaläolithikums trennen. Die letzteren zeichnen sich durch schmale, messerartige Steinklingen aus.
Und was uns diese Stätten ehrwürdig macht, ist, daß hier auch
die Eiszeitkunst, insbesondere die Malerei entstand, die ihren
Höhepunkt vor 10000—20000 Jahren erreichte. Mit ihr wurde
unser alter Kontinent Europa zur Geburtsstätte der Kunst überhaupt.

Andere Fundstätten des Cro-Magnon-Menschen, des nun
erstandenen „Homo sapiens fossilis" liegen wieder am Mittelmeer an der blütenreichen, begnadeten Riviera-Küste. Es sind
die Höhlen von Mentone an der französisch-italienischen Grenze,
wo er aber nun schon gemeinsam mit Skeletten von afrikanisch-
negroidem Rassetyp aufgefunden wurde. Rassenspaltungen, wie
sie heute noch bestehen, waren schon eingetreten. Der Homo
sapiens fossilis, der fossile Verstandesmensch, war also noch
während der letzten Vereisung Wirklichkeit geworden. Als
Sapiensmensch wird der vernunftbegabte, geistig entwickelte
Mensch von heute bezeichnet. Mehrere Rassen sind zu dieser Zeit
bereits erkennbar. Außer dem Cro-Magnon-Menschen treten
Lang- und Kurzkopfrassen auf.

Zu den langschädeligen Rassen gehört der im östlichen Europa
erscheinende Mensch der *Brünn-Rasse*. Ein 2000 km langer Gürtel
von Lößsteppen, die sich von der Ukraine bis an den Rhein hin-
zogen, umgab zur Würmeiszeit die vereisten Gebiete. In einem
Abstand von mehreren hundert Kilometern vom Eisrand jagte
dort der gegenüber dem Cro-Magnon-Typ zierlichere *Aurignac-
oder Lößmensch*. Auch er war ein Urtyp des heutigen Europäers.
Seine Stationen mit ältesten Häusern und seine feingeformten
Steinklingen finden sich in großer Zahl im Löße. Auf der Aurignacstufe werden auch schon die ersten Tierplastiken geschaffen. Der
Mensch von Unter-Wisternitz in Mähren hat uns ein ergreifendes

Selbstporträt hinterlassen. Die sog. „Venusstatuetten", für welche
die berühmte „Willendorfer Venus" aus Niederösterreich das beste
Beispiel ist, außerordentlich fettleibige, weibliche Gestalten
wurden — nicht unbestritten — für Bildnisse von Gottheiten,
Ahnenbilder u. dgl. gehalten. Sie ragen durch relative Häufigkeit
unter den plastischen Menschendarstellungen des Jungpaläolithikums hervor. Das Alter der Kunst der Aurignacstufe wurde früher mit etwa 50000 Jahren angesetzt. Nach neuesten Ergebnissen ist sie viel jünger.

Wir verlagern nun wieder den Schauplatz unserer Betrachtungen und besuchen im Geiste noch eines der klassischen deutschen Fundgebiete von kulturellen und Skelettüberresten des Eiszeitmenschen, das *Lonetal* in der Schwäbischen Alb. Einen Fluß sieht man hier nur in Zeiten mit reichlichem Niederschlag. Für gewöhnlich versickert er schon oberhalb des Höhlengebietes, dem das Lonetal seine Berühmtheit verdankt. Seit hier der Eiszeitmensch hauste, machte die Verkarstung und damit die Wasserarmut und Austrocknung der Alb weitere Fortschritte. Der Eiszeitmensch war, genau wie wir heute, an eine Wasserversorgung gebunden. So

Abb. 71. Elfenbeinplastik
des Vorzeitmenschen
(Aurignacien). Gefunden
in Unter-Wisternitz,
Mähren. E. Schmid

scheint die Loneversickerung jungen Alters zu sein, weil ohne
Wasserstellen das Tal für den Eiszeitmenschen nicht bewohnbar
gewesen wäre.

Auf den Steppen der Albhochfläche weideten die Jagdtiere Mammut, Renntier, Wildpferd u. a. Das Tal bot mit seinen Höhlen
Wohngelegenheit. Sogar das Rohmaterial für die Steinwerkzeuge
war leicht zu finden. Die eiszeitlichen Flußschotter im Donautal
enthielten Quarzgerölle und die Jurakalke der Alb Kieselknollen,
die herauswitterten oder herausgeschlagen werden konnten. Sie vertraten im Süden den Feuerstein oder Flint, wie ihn die Steinzeitmenschen im weiten Umkreis der Nordischen Vereisung verwendeten.

114

Das Lonetal bot also glückliche Umstände für die urgeschicht-
liche Besiedlung, die hier 100000 Jahre und mehr angehalten
haben mag. In den berühmten Höhlen des Tales, Vogelherd,
Bocksteinschmiede u. a. (1931 und 1932 entdeckt) boten sich viele
Hinweise auf die Lebensweise des Urmenschen, auf seine kulturelle Entwicklung, auf religiöse Ansätze, wie den Glauben an ein
Fortleben nach dem Tode. Meist lagen mehrere Kulturschichten
übereinander, aus denen man Werkzeuge der Moustier-, Aurignac-
und Madeleinestufe (Magdalénien) bergen konnte. Der Mensch der
Älteren Steinzeit lebte hier auf einer primitiven Wirtschaftsstufe
in Horden und war Jäger, Fischer und Sammler von Wildfrüchten.
Die fossilen Tierknochen in den Höhlen sind vielfach auf seine
eingeschleppte Jagdbeute zurückzuführen. Zähmung und Züch-
tung von Tieren und der Anbau von Kulturpflanzen treten erst
in der Jüngeren Steinzeit, im Neolithikum, also in einem späten,
in die Nacheiszeit fallenden Zeitabschnitt, auf.

Die Vogelherdhöhle bei Stetten ob Lontal enthielt die mit
Recht berühmten Schöpfungen jungpaläolithischer Kleinkunst.
Es sind aus Mammutelfenbein geschnitzte Skulpturen von längst
ausgestorbenen Tieren. Mit großer Naturtreue geben sie die
Genossen des Urmenschen wieder: Mammut, Bison, Höhlenlöwe,
Panther u. a. Es mutet uns heute eigenartig an, daß neben frühen
Ansätzen zur Kunst auf der Aurignacstufe uns hier auch noch
alleräteste urmenschliche Sitten oder vielmehr Unsitten wie
die Menschenfresserei begegnen. Doch hatte sie wahrscheinlich
einen rituellen Charakter. Hinweise auf kultische Gebräuche sind
immer wieder zu finden wie Grabbeigaben, Schädelbestattungen
usw. In der Wildkirchlihöhle am Säntis auf 1500 m M.-H. sind
Höhlenbärenschädel in einer kultischen Art beigesetzt aufgefunden
worden; man denkt an den Opferkult heutiger Primitiver. Es gibt
aber auch Forscher, die diese Höhle für den Aufbewahrungsort
des Steinzeitmenschen für Gefrierfleisch halten! — Eine sehr
reichhaltige Bärenhöhle wurde vor einigen Jahren auf der Schwäbischen Alb bei Reutlingen (Erpfingen) entdeckt (Abb. 62).

Die *Solutréstufe* fehlt in Deutschland fast ganz. Zu ihr gehören
besonders elegante, lorbeerblattförmige Steinspitzen, die als
Lanzenspitzen dienten. Über die Jagdmethoden des Solutré-
Menschen gibt der klassische Fund am Fuß des Felsens von

Solutré in Frankreich Auskunft. Ein riesiges Lager von Pferd-
und Renntierknochen zeigt, daß hier an die 100000 Wildpferde
über den Felsen heruntergejagt worden sind.

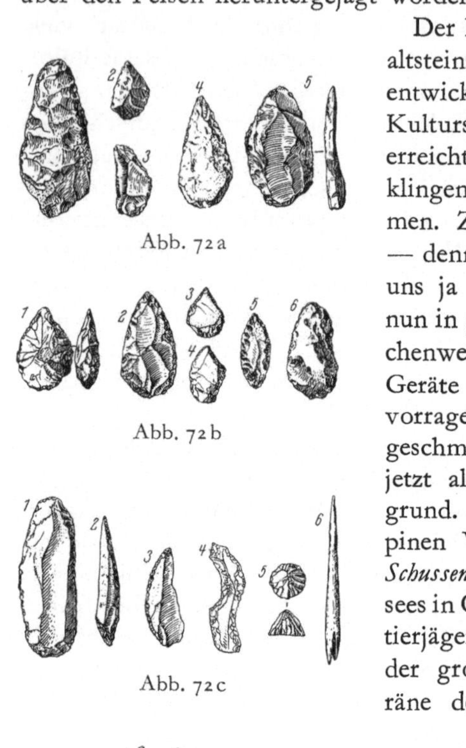

Abb. 72a

Abb. 72b

Abb. 72c

Der kulturelle Höhepunkt der altsteinzeitlichen Menschheitsentwicklung wird auf der letzten Kulturstufe, dem *Magdalénien*, erreicht. Sie fällt mit dem Ausklingen der Würmeiszeit zusammen. Zu den Steinwerkzeugen — denn Holzwerkzeuge blieben uns ja nicht erhalten — treten nun in größerer Zahl auch Knochenwerkzeuge hinzu. Manche Geräte sind mit teilweise hervorragenden Ritzzeichnungen geschmückt. Das Renntier steht jetzt als Jagdwild im Vordergrund. Am Nordrande der alpinen Vereisung fand sich bei *Schussenried* nördlich des Bodensees in Oberschwaben eine Renntierjägerstation unmittelbar an der großen äußersten Endmoräne des Rheingletschers. Am

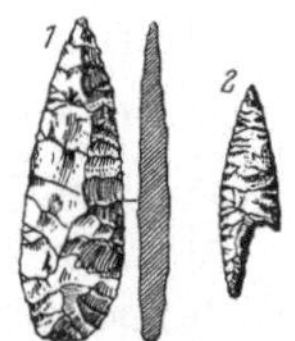

Abb. 72d

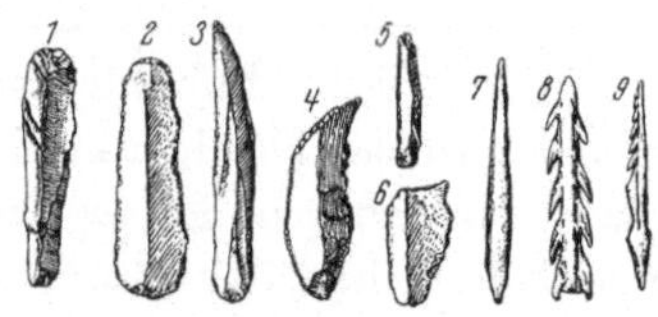

Abb. 72e

Abb. 72. Entwicklung der Werkzeuge des Eiszeitmenschen. Nach PARET.
a) Chelléen-Acheuléen. 1 Dicker Faustkeil, 2 Dicke Spitze, 3 Säge, 4/5 Flacher
Faustkeil. b) Moustérien. 1 Faustkeil, 2 Handspitze, 3/4 Spitzen, 5 Doppel-
spitze, 6 Schaber. c) Aurignacien. 1 Klingenkratzer, 2 Messer, 3 Spitze, 4 Aus-
gekerbte Klinge, 5 Hochkratzer, 6 Knochenspitze. d) Solutréen. 1 Lorbeer-
blattspitze, 2 Kerbspitze. e) Magdalénien. 1/2 Klingenkratzer, 3 Klinge,
4 Stichel, 5 Klinge, 6 Bohrer, 7 Beinpfriem, 8/9 Harpune

116

sachverständigsten aufgedeckt und am schönsten wieder aufgestellt wurde im Museum von Schloß Gottorp in Schleswig die *Renntierjägerstation von Meiendorf* bei Hamburg. Es handelt sich dabei um ein Sommerlager jungpaläolithischer Jäger. Verblüffend ist der Reichtum an verschiedenartigen Werkzeugen aus Stein und Renntiergeweih, Pfriemen, Riemenschneider u. a. Alle Fundumstände wiesen daraufhin, daß der Wald am Rande der sich bereits zurückziehenden Nordischen Vereisung noch nicht zurückgekehrt war. Der Fundplatz liegt in einem kleinen Tunneltal, am äußersten Rande der letzten Vereisung wie bei Schussenried, und zwar in einem verlandeten Seebecken. Die Meiendorfer Funde besitzen ein Alter von 15 000—20 000 Jahren.

Zum Schlusse unserer Betrachtung über die Entwicklung des Menschen und seiner Kulturen im Großen Eiszeitalter müssen wir noch einmal der Steinzeitkunst gedenken, welche auf der Madeleinestufe ihren Höhepunkt erreichte. Nordspanien und besonders Südfrankreich haben in den letzten Jahrzehnten mit immer neuen Entdeckungen von Felsbildmalereien die Welt erregt und beglückt. Es begann mit der *Höhle von Altamira* bei Santander in Spanien im Jahre 1879. Eine mehrfarbig gemalte, gewaltige Bisongruppe an der Decke dieser Höhle macht einen überwältigenden Eindruck. Oft sind Schöpfungen verschiedener Epochen übereinander gelagert. Der franco-kantabrische Kunstkreis, in welchem vor etwa 25 000 Jahren die Malerei geboren wurde und der sich von Spanien nach Frankreich hineinzieht, die Höhlen des Vézère-Tales mitumfassend, fand seinen Höhepunkt an Können und Naturnähe in der *Höhle von Lascaux* bei Montignac. Sie wurde 1940 entdeckt. Man könnte sie den „Louvre" der Altsteinzeit nennen. Die leider verwitternden Malereien besitzen größte Lebendigkeit. Die Tiere sind in voller Bewegung erfaßt, galoppierend, schwimmend, springend. Die Umrisse sind mit dunkelbraunem Manganoxyd gezeichnet und die Flächen mit rotem, braunem und gelbem Ocker ausgefüllt. Die künstlerische Darstellung der eiszeitlichen Tierwelt, in der aber Mammut und Ren fehlen, in diesen „Skizzenbüchern des Urmenschen" war allem Anschein nach nicht als Kunstübung gedacht und nicht dem genießenden Betrachter gewidmet, sondern sie hatte einen sakralen

Charakter. Das geht daraus hervor, daß lebensgroße Tierbilder manchmal in ganz engen Höhlengängen und -spalten angebracht sind, wo man sie gar nicht im Zusammenhang überblicken kann. Sie scheinen dem Bildzauber, einem Analogiezauber, gedient zu haben wie er auch heute noch von primitiven Völkerschaften geübt wird. Er soll Fruchtbarkeit, Jagdglück usw. heraufbeschwören. Das

Abb. 73. Schwimmende Hirsche aus der Höhle von Lascaux. Gr. 5,50. Nach Kühn

Abbild des Tieres wurde mit diesem gleichgestellt. Unsere altsteinzeitlichen Vorfahren lebten noch im Zeitalter eines magischen, vorrationalen Denkens. H. Kühn sagt, daß die Felsbilder unsere sichersten Quellen für das geistige Erleben der Menschheit vor Erfindung der Schrift seien.

Das Eiszeitalter ging zu Ende; die großen Eismassen schwanden in einem Jahrtausende währenden Abschmelzvorgang dahin. Vor etwa 6000 Jahren tauchte dann der Mensch der Jüngeren Steinzeit, des *Neolithikums*, in Europa auf. Älteste neolithische Funde der Welt in Palästina (neuerdings mit Hilfe von $C^{14}$ bestimmt) sind 7—8000 Jahre alt. Die älteste Stadt ist Jericho. Der Neolithiker wurde seßhaft und lebte als Ackerbauer und Viehzüchter. Seine Steinwerkzeuge werden nicht mehr durch Zuschlagen, sondern durch Abschleifen des Rohmaterials hergerichtet. Getreidearten und Haustiere begleiten den Neolithiker. Er wohnte in Dörfern aus Hütten und Pfahlbauten. Die Radiokarbonmethode bestimmte die Zeitstellung ältester neolithischer Funde in Deutschland mit

4200—4000 v. Chr. Unter seinen kulturellen Hinterlassenschaften sind die aus den gewaltigen nordischen Findlingen aufgetürmten megalithischen Hünengräber, wie wir sie in Norddeutschland z. B. in der Ahlhorner Heide bei Bremen finden oder auf Sylt, in England, Dänemark, Südschweden, usw. In der Bretagne überraschen die gewaltigen Steinsetzungen aus Granitblöcken, die kultische Bedeutung haben. Auch im Mittelmeerraum ist Ähnliches zu finden. Die während des jüngeren Abschnittes der Älteren Steinzeit so hoch entwickelte naturalistische Malerei wird nun aber schematisierend und geometrisch.

Mit der Verwendung von Metallen, zunächst dem Kupfer als Werkstoff, setzt in Mitteleuropa um das Jahr 1700

Abb. 74. Menhirs aus der Jungsteinzeit. Carnac/Bretagne. E. E.

v. Chr., in Vorderasien schon 3000 v. Chr., die Bronzezeit ein. Die sumerische Kultur ist bereits zu Ende gegangen, die Pyramiden sind erbaut und die Mammutbäume, die altehrwürdige Zierde der heutigen Wälder Californiens, haben schon zu wachsen begonnen. Der Höhepunkt der mykenischen Kultur lag um 1400 v. Chr. Die Hallstatt- (900—500 v. Chr.) und die La Tène-Periode (Eisenzeit) (500 v. Chr.) bringen auch für Mitteleuropa den Übergang in den geschichtlichen Ablauf.


## 11. Bändertone, Kohlestückchen und Blütenstaub als Eiszeituhren

Ganz Skandinavien und Finnland war zur Würmeiszeit unter dem Nordischen Inlandeise begraben; das Ostseebecken war eiserfüllt, und tief nach Norddeutschland hinein waren die skandinavischen

Gletscher vorgedrungen. Das Land und mit ihm alles Leben lag gebannt unter der Herrschaft des seit Jahrhunderttausenden immer wiederkehrenden Eises.

Doch einmal kam die Zeitenwende und mit ihr ein neuer Frühling in der Erdgeschichte. Es ist das Verdienst schwedischer und finnischer Forscher, diesem bedeutungsvollen Wendepunkt in der erdgeschichtlichen Entwicklung Nordeuropas nachgespürt zu haben. Es gelang ihnen — ein Vorgang, der bis dahin in der Erdgeschichte unerhört war — die geologischen Geschehnisse jener Zeit nicht nur in ihren Einzelheiten zu entwirren, sondern sie sogar zu datieren. Ihre Zeitrechnung reicht nun schon fast 17000 Jahre in die Vergangenheit zurück. Diesen Fortschritt brachte die sog. Warwenchronologie oder *Bändertonforschung* G. DE GEERS in Stockholm und M. SAURAMOS in Helsinki.

Am zurückweichenden Rande des Nordischen Inlandeises entstanden, wie wir schon hörten, *Eisstauseen* von gewaltigen Ausmaßen, die das eisfrei gewordene Ostseebecken erfüllten. In sie ergossen sich die Schmelzwässer der Gletscher und brachten viel Kies, Sand und besonders feinen Schlamm, die Gletschertrübe, mit sich. All das lagerten sie, je nach der Korngröße, in geringerer oder weiterer Entfernung vom Eisrande, am Boden der stehenden Gewässer ab. Im Sommer waren die Schmelzwassermengen größer als im Winter; der Schlamm war sandiger und von hellerer Farbe. Im Winter wurden tonigere, dunklere und dünnere Schichten abgelagert. So kam es zu einer Bänderung des Tones am Boden der Seen, zu *Bändertonen* mit einer Schichtung, die als Jahresschichtung anzusehen war: die helle Sommerschicht bildet mit der darüber liegenden unscharf abgesetzten dunklen Winterschicht ein Band oder Warw. An einer senkrecht angeschnittenen Tongrubenwand zeichnen sich die Warwen sehr deutlich ab. Ein Rhythmus im Ablagerungsvorgang, indirekt durch die jahreszeitliche Sonnenstrahlung bedingt, spiegelt sich also in den Bändertonen des Ostseegebietes. Was die Schweden darin entdeckten, war ein mineralisches Zeitdokument aus der Späteiszeit, der Zeit der absterbenden Vergletscherung, eine Art von „*Bändertonkalender*". „Alte Spuren der Sonne in Ton und Schlamm" nennt DE GEER die Tonbänder. Die Vergleichung und Zählung der

Bändertonschichten an einer 800 km langen Nord-Süd-Linie, die von Schonen in Südschweden bis nach Jämtland weit oben im Norden hinauf reichte, ergab, daß der Rückzug des Eisrandes auf dieser Strecke an die 5000 Jahre gedauert hat. Das Tempo der Abschmelzung wuchs von 50 m jährlich im südlichen bis zu 300—400 m im nördlichen Teil des Untersuchungsgebietes. Als der Eisrand in Südjämtland angelangt war, erfolgte ein Zerfall des Eises in zwei Teile. Diesen Zeitpunkt kann man nach DE GEER als Ende der Würmeiszeit, wenn nicht des Großen Eiszeitalters überhaupt, als „Finis aetatis glacialis" bezeichnen. Nach dem Bändertonkalender ist das die Zeit um 6800 v. Chr. Später berechnete dann einer seiner Schüler aus Bändertonen am Ångerman-Fluß die Dauer der Nacheiszeit, vom Zerfall des Inlandeises an der nordschwedischen Eisscheide ab, mit 8700 Jahren. Ein großer *Eisrandsee* muß zu jener Zeit ausgelaufen sein. Er hinterließ eine mächtige sandige Schicht auf der langen Reihe der Tonbänder. Sie beschließt gewissermaßen als Schlußstrich die nun wieder aufgefundenen dokumentarischen Aufzeichnungen vom Ende des Großen Eiszeitalters. Der Beginn des Rückzuges in Norddeutschland ist nicht mit derselben Genauigkeit festzulegen. DE GEER rechnet aber mit mindestens 16000 Jahren vor heute für den Beginn des Abrückens vom Pommerschen Stadium in Norddeutschland. Das skandinavische Inlandeis verließ die deutsche Ostseeküste um 13000 v. Chr.

Kurz ein Wort über die Methode der Warwenchronologie. Wenn einzelne dieser Warwen genannten doppelten Tonbänder oder besser ganze Serien solcher an mehreren Orten wieder erkannt werden können, so darf man annehmen, daß sie zu gleicher Zeit entstanden sind. Die Warwen lassen sich an manchen Einzelheiten, besonders an ihrer größeren oder geringeren Dicke wiedererkennen. Das ermöglicht die Warwenserien von Fundstelle zu Fundstelle zu vergleichen. Während der Ablagerung der Warwen machte das Klima seine Schwankungen durch, und diese sind es, die sich im Aussehen der Bändertonserien widerspiegeln. Die ganze Warwenfolge in einer Tongrube wird ausgezählt und auf einem Papierstreifen vermerkt, den man an die Grubenwand anlegt. Die daraus gewonnenen „Warwendiagramme" werden dann von Grube zu Grube miteinander verglichen. Die Serien gleicher, sich zeitlich entsprechender Warwen ergeben die Angelpunkte, an denen man die Einzelprofile miteinander verknüpft. Damit gelangt man zu einer Gesamtzählung der nach Süden hin immer älter werdenden Tonbänder-Abfolgen.

Auf diese Weise konnte DE GEER die Lagen des zurückweichenden Eisrandes in Schweden zeitlich genau nachzeichnen und festlegen.

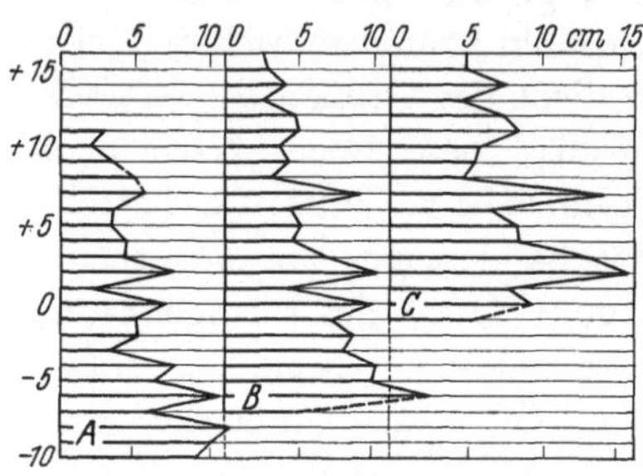


Abb. 75. Zeitlich übereinstimmende Warvenserien in drei benachbarten Bändertonprofilen. Nach DE GEER

Eine recht schwierige Untersuchungsweise, deren Ergebnisse aber mit denen der Bändertonforschung gut übereinstimmen, hängt mit der Entwicklung der modernen Strahlenphysik zusammen. Seit dem Jahre 1949 kann man auf Grund der Forschungen amerikanischer Wissenschaftler in Chikago das Alter organischer, also von lebenden Wesen abstammender Stoffe feststellen. Die organischen Stoffe bestehen großenteils aus Kohlenstoff mit dem Atomgewicht 12. Solchen neuesten Forschungen zufolge ist diesem noch in geringer Menge ein radioaktiver Bestandteil, ein Kohlenstoff mit dem Atomgewicht 14 beigemengt. Dieser wurde Radiokarbon $C^{14}$ genannt. Er stammt aus der Atmosphäre, wo er durch Einwirkung der kosmischen Strahlung auf den Luftstickstoff laufend neu erzeugt wird. Die Pflanzen nehmen ihn mit der Kohlensäure aus der Luft auf. Die pflanzliche Nahrung bringt ihn alsdann in den Körper der Tiere und Menschen. Die Lebewesen bauen ihre Kohlenstoffverbindungen demnach immer mit einem kleinen Zusatz radioaktiven Kohlenstoffs auf. Mit dem Tode hört dieser Vorgang auf, radioaktiver Kohlenstoff wird nicht mehr zugeführt, und der bereits vorhandene verschwindet mehr und mehr, weil die radioaktiven Atome zerfallen. Da man weiß, welche Zeiträume dazu nötig sind — nach 5568 Jahren ist die Hälfte zerfallen — läßt sich das Alter der fraglichen organischen Substanz durch Messung der noch zurückgebliebenen Radioaktivität bestimmen. Ein Lebewesen von 3617 v. Chr. enthält noch 50%, von 9185 v. Chr. noch 25%, von 20321 v. Chr. nur

122

noch 6,25% Radiokarbon. Es läßt sich also das Alter toter organischer Stoffe wie Holz- und Holzkohlestückchen, verkohlte Knochen, Horn, Torf usw. feststellen, wenn ihre Radioaktivität gemessen wird. Vorläufig kann man mit der Methode fast 50 000 Jahre zurückdatieren. Die Strahlung bei noch älteren organischen Resten ist zu gering, als daß man sie noch sicher messen könnte. Diese Methode verlangt sehr schwierige und zeitraubende Untersuchungen. Ihre bisherigen Feststellungen weisen oft auf kürzere Zeiträume hin, als man sie bisher für das Eiszeitalter angenommen hatte. Sie hat aber die Richtigkeit des Bändertonkalenders der Größenordnung nach bestätigt. Daß sie für die Archäologie und Vorgeschichte große Bedeutung hat, ist einleuchtend. Eines ihrer wichtigsten Ergebnisse für die Eiszeitforschung ist, daß sie zum erstenmal ermöglichte, eiszeitliche Vorgänge in Europa und Nordamerika zeitlich in Beziehung zueinander zu bringen. Sie ließ erkennen, daß der Mankato-Vorstoß des nordamerikanischen Eises etwa gleich alt ist mit den großen Endmoränen Mittelschwedens, mit dem finnischen Salpausselkä und mit den Bildungen des letzten alpinen Eisvorstoßes der sog. „Schlußeiszeit". All diesen Erscheinungen vom Ende der Würmeiszeit kann man nun auf Grund der *Radiokarbon-Untersuchung* ein gleiches Alter von 10 000 Jahren vor der Jetztzeit zuschreiben.

Tonschichten und Kohlestückchen — zwei unscheinbare und untergeordnete Dinge — begründen also zwei ausgezeichnete Forschungsmethoden, die ermöglichen, den zeitlichen Ablauf des Geschehens während der letzten 50 000 Jahre aufzuhellen. Man will aber auch gerne wissen, wann die Pflanzenwelt von den ungeheuren, durch die Gletscher geschaffenen Einöden wieder Besitz nahm und insbesondere, wie es dem Walde gelang, wieder Fuß zu fassen. Ein ungeheuer zartes und feines Etwas, das Urbild des anscheinend Vergänglichen und vom Winde Verwehten, hat uns auf diese Frage Auskunft gegeben: der *Blütenstaub der Waldbäume*. Im schwarzen Bett der Moore eingelagert hat er die Jahrtausende überdauert. Das Mikroskop des Forschers holt die zähen, kleinen, gut erhaltenen Pollenkörner, die die Baumarten erkennen lassen, heute wieder ans Licht, und sie ermöglichen ihm, die Wald- und Klimageschichte der letzten 16 000 Jahre nachzuzeichnen.

Als das Abschmelzen und die große Seenzeit begann, waren
Pflanzen und Tiere noch die der arktischen Tundra. Je mehr sich
das Klima verbesserte, desto mehr wärmebedürftige Pflanzen und
vor allem Waldbäume konnten wieder vordringen und das vom
Eise verlassene Land langsam zurückerobern. Zu den Zwerg-
birkensträuchern und kriechenden Weiden gesellen sich zuerst
wieder baumförmige Birken, Espen und Kiefern. Dieser erste
etwa 1000jährige Vorstoß eines wärmeren Klimas nach dem
Großen Eiszeitalter war aber noch nichts Endgültiges. Als sog.
Allerödzeit wird dieser Zeitabschnitt von dem nachfolgenden,
wieder kälteren, abgetrennt. Das Charaktertier der Allerödzeit ist
der Riesenhirsch, dessen monumentales, bis zu 3,50 m ausladendes
Geweih besonders häufig in den Mooren Irlands gefunden worden
ist. Ein etwa ein Jahrtausend umfassender Kälterückschlag erfolgte
danach und brachte die ersten Wälder teilweise wieder zum Verschwinden. In den Alpen soll er die „Schlußeiszeit", einen neuen
Vorstoß lokaler Gletscher gebracht haben. Erst dann folgte um
8000 v. Chr. die endgültige Klimabesserung mit dauernder Wieder-
bewaldung. Von diesem Zeitpunkt an spricht man in Mitteleuropa
von der Nacheiszeit und von der erdgeschichtlichen Gegenwart.
Die Pollenuntersuchungen lassen erkennen, daß die Übergangs-
zeit durch eine starke Verbreitung des Haselstrauchs gekennzeichnet ist. Diesem Abschnitt folgte dann der wärmste Teil der Nacheiszeit, die sog. „Atlantische Periode", in welcher der Mensch der
Mittel- und Jungsteinzeit sich eines milden feuchten Klimas er-
freute. Die Vegetationszeit war um etwa 2,5°C wärmer und vier
Wochen länger als heute. Dieses milde Klima begünstigte die Aus-
breitung von Eichenmischwäldern, in welchen unsere edelsten
Laubhölzer wie Eiche, Ulme, Linde usw. gediehen. Die Atlantische Periode fällt mit dem Litorinastadium der Ostsee zusammen.
Gegen Ende dieser *nacheiszeitlichen Wärmezeit* war die Rotbuche
im Vordringen. Heute herrscht sie auf den Moränenwällen im
Alpenvorland ebenso wie auf den deutschen Mittelgebirgen und
im europäischen Flachland und zeigt unter den derzeitigen Klimaverhältnissen ihre gegenüber der Eiche überlegene Lebenskraft.

Den Mooren und der Forschungsmethode der *Pollenanalyse* verdanken wir das Wissen um die Wiederausbreitung unserer Wälder.
Die Moore begannen zu entstehen nach dem Weichen des Eises

und nach dem Abfluß der großen Seen. Die undurchlässigen Tonböden dieser ehemaligen Seen begünstigten ihre Ansiedlung. Im Alpenvorland entstanden die zahlreichen Hochmoore, welche bezeichnenderweise auf die Randzone der letzten Vergletscherung südlich der großen Endmoränen beschränkt sind. Es handelt sich dabei um Versumpfung im feuchten Alpenrandklima. *Nieder- oder Flachmoore* hingegen entstehen durch Verlandung offener Wasserflächen. Der *Verlandungsprozeß* wird eingeleitet dadurch, daß in den See hineinwachsende Pflanzen absterben und ihre Überreste infolge ungenügender Sauerstoffzufuhr nicht völlig verwesen. Die Ablagerung von sog. Mudde auf dem Boden des Sees macht diesen schließlich so flach, zunächst am Rande, daß sich Sumpfpflanzen ansiedeln können. Es entsteht ein Sumpfmoor. Wasserpflanzen wie Schilf siedeln sich am Rande noch offener Wasserflächen an und treiben die Verlandung voran. Später folgen nässeliebende Bäume wie die Erle. Überschwemmungen führen dem entstehenden Flachmoor, das im Grundwasserbereich liegt, immer wieder neue Nährstoffe zu (Abb. 34).

Geht die Vertorfung weiter, so sterben die Bäume wieder ab; hinsichtlich mineralischer Ernährung anspruchslose Torfmoose beginnen zu wuchern. Das eigentliche Torfmoos, Sphagnum genannt, speichert in seinen großen Hohlräumen das 20fache seines eigenen Gewichtes an Regenwasser, so daß man eine Handvoll davon wie einen nassen Schwamm ausdrücken kann. Die sich folgenden Generationen dieser typischen Hochmoorpflanze wachsen aufeinander und häufen sich so übereinander an, daß das *Hochmoor* sich uhrglasartig über seine Umgebung aufwölbt und davon seinen Namen erhielt. In einer die Hochmoorlinse ringartig umgebenden, nassen Vorzone, Lagg genannt, gedeihen feuchtigkeitsliebende Pflanzen wie das Pfeifengras, das Wollgras und die Trollblume. Die Mooroberfläche selbst zeigt Schlenken, nasse Vertiefungen und Bülten, trockene Erhöhungen, welch letztere sich nach den Wachstumseigenarten der Moose ausbilden. Wenn sie trocken werden, bedecken sie sich mit Lebermoos, Flechten und Heidekraut. Die zu der eigenartigen Flora und Fauna des Hochmoores hinzukommenden Latschendickichte verleihen den Hochmooren im Alpenvorland ihre urweltliche Stimmung (Abb. 30). In Norddeutschland hat die Bildung der Torfmoore etwa 8 Jahrtausende gedauert.

Diese Moore nun haben während der Jahrtausende ihres Wer-
dens die Wiedereinbürgerung des Waldes miterlebt, und der
Pollen der Waldbäume ist, unter Umständen auf Entfernungen
von Hunderten von Kilometern, in sie hineinverweht worden.
Die Moore sind also wie ein altes Buch, in dem die Geschichte der

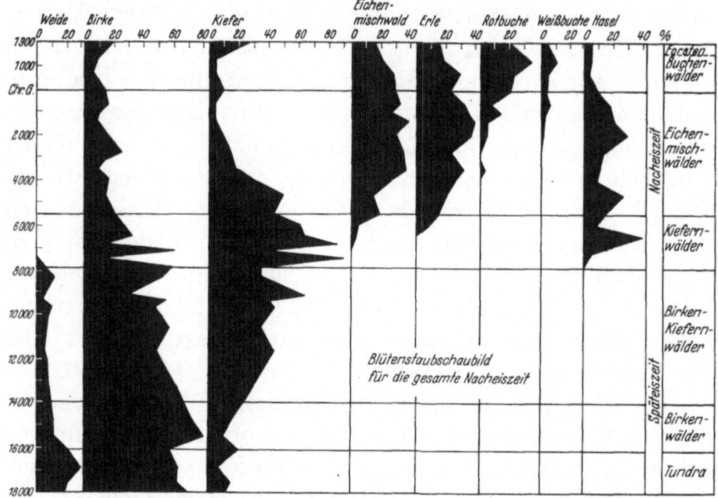


Abb. 76. Blütenstaubschaubild für die Nacheiszeit. Landesstelle für Natur-
schutz und Landschaftspflege der Freien und Hansestadt Hamburg

Wälder — mit Blütenstaub aufgeschrieben — steht. Um die Seiten
dieses Dokumentes zu entziffern, müssen von der Sohle des
Moores bis zu seiner Oberfläche von Schicht um Schicht Proben
entnommen und mikroskopisch untersucht werden. Man muß
dazu natürlich die vielerlei Arten von Pollenkörnern, die im Torf
eingebettet sind und durch seine Huminsäuren konserviert wurden,
sehr gut von Ansehen kennen, denn nun heißt es, die einzelnen
Baumarten daraus zu bestimmen und auch die Pollen zählen, um
einen Begriff von der relativen Häufigkeit der damaligen Waldbäume zu bekommen. Durch die zeichnerische Darstellung der
prozentualen Zusammensetzung des Pollenniederschlags in den
Moorschichten erhält man ein Blütenstaubschaubild oder *Pollen-
diagramm.* Es ist ein Kurvenbild, welches die einzelnen Abschnitte
der Waldentwicklung deutlich macht. Viele Fehlerquellen sind zu

126

vermeiden, und vor allem darf natürlich kein Blütenstaub heutiger Waldbäume hereinfliegen.

Mit Hilfe der Pollenanalyse, die wie die Bändertonchronologie skandinavischen Forschern zu verdanken ist, konnte von F. FIRBAS u. a. die Waldgeschichte Deutschlands in neuester Zeit enthüllt werden.

## 12. Lassen sich die Ursachen der großen Vereisungen erkennen?

Die brennendste Frage der Eiszeitforschung ist unzweifelhaft diejenige, die sich mit den Ursachen für das Große Eiszeitalter befaßt. Wodurch wurde das gewaltige Anschwellen der Vergletscherungen veranlaßt? Haben in der erdgeschichtlichen Vergangenheit ähnliche Vorgänge stattgefunden und werden sie auch in der Zukunft möglich sein?

Nur ein Teil dieser Fragen kann heute schon zuverlässig beantwortet werden. Insbesondere wissen wir mit aller Sicherheit, daß auch in sehr weit zurückliegenden, ja sogar in fernsten Erdperioden große Teile der Erdoberfläche zeitweise vergletschert wurden. Gletscherschliffe und Moränen in Verbindung mit ältesten Gesteinsserien beweisen dies.

Den Beginn des Erdaltertums können wir vor etwa 500 Mill. Jahren ansetzen. Er läßt sich an Gesteinsschichten erkennen, die erstmalig deutlich feststellbare Organismenüberreste in sogar bereits hoch entwickelten Formen enthalten. Das Urgestein der Erdrinde war in frühesten Zeiten schon zu mannigfaltigen Gebirgsketten aufgefaltet gewesen. Diese Gebirgsketten waren in Jahrmillionen auch wieder abgetragen, ja völlig niedergelegt worden. Ihre spärlichen Reste weisen aber noch heute Vergletscherungsspuren auf. Doch sind derartige Spuren sehr viel deutlicher aus einer weiteren Großvergletscherungsperiode zu erkennen, die zu Ende des Erdaltertums, vor mehr als 200 Mill. Jahren eintrat und vor allem die Südhalbkugel betraf. Ein alter Kontinent, *Gondwanaland* genannt, dessen Bruchstücke heute noch u. a. in Südafrika und Indien erhalten sind, muß damals bestanden haben. Er war zu Zeiten *teilweise vergletschert*. Uralte, konglomerierte Moränenmassen sind hier angehäuft, einwandfreie Zeugen dieser eiszeitlichen Verhältnisse. Das ganze Erdmittelalter hindurch, das

140 Mill. Jahre umfaßte, scheinen jedoch keine Vergletscherungen
eingetreten zu sein. Auch die 60 Mill. Jahre während Tertiärzeit
ist bis gegen das Ende hin durch ein warmes, tropisches oder
subtropisches Klima ausgezeichnet gewesen. Erst gegen Schluß
der Tertiärzeit, und damit all dieser Jahrmillionen, treten deutliche
Anzeichen einer allgemeinen Klimaverschlechterung auf. Vor
einer Million Jahre etwa beginnt dann das Klima und die Lebe-
welt — ohne allzu deutliche Abgrenzung nach rückwärts — in
die Zustände des Großen Eiszeitalters überzugehen. Der erdgeschichtliche Ablauf ist also ziemlich klar. Anders ist es mit den
Ursachen, die zu den großen Klimaschwankungen führten, welche
dieser erdgeschichtliche Ablauf erkennen läßt. Die alten Vereisungen vor Beginn und gegen Ende des Erdaltertums liefern
keine bedeutsamen Hinweise in dieser Richtung. Doch steht diejenige Forschung, die insbesondere das Große Eiszeitalter zum
Gegenstand hatte, heute wohl überwiegend auf dem Standpunkt,
daß nur Geschehnisse kosmischer Natur und kosmischen Aus-
maßes das Klima so durchgreifend beeinflussen konnten, daß
Großvergletscherungen die Folge wurden. Dazu kam die Entstehung großer Gebirge und Hochländer.

Obwohl diese Hauptpunkte heute als bedeutungsvoll wohl
schon feststehen, wie wir im späteren Verlauf unserer Betrachtungen sehen werden, wollen wir noch einen kurzen Überblick
über *andere Erklärungsversuche* gewinnen. Es handelt sich um all
jenes Gedankengut, das schon zusammengetragen wurde, um die
Frage nach der Ursache der großen Vereisungen des Erdballes in
erdgeschichtlicher Vergangenheit zu lösen. Das wird auch deshalb für uns interessant sein, weil wir uns die Frage danach nicht
versagen können, was die Zukunft möglicherweise in dieser Hinsicht noch alles zu bringen vermag.

Wir werden sehen, daß es besonders schwer ist, die Ursachen
des Großen Eiszeitalters zu deuten, weil es einen wiederholten
Wechsel von Kalt- und Warmzeiten erkennen läßt. Eine Serie von
Tiefsee-Bohrkernen, die zwischen Neufundland und Irland vom
Boden des Atlantik aufgenommen wurden, zeigt einen Wechsel
von „kalten" und „warmen" einzelligen Tiergemeinschaften
während des Eiszeitalters. Die Erklärungsversuche müßten auch
die Tatsache, daß Nord- und Südhalbkugel jeweils gleichzeitig

vergletschert waren, berücksichtigen. Denn daß dem so war, kann nach dem jetzigen Stande der Erkenntnis als sicher angenommen werden. Hierfür sprechen die starken Absenkungen des Meeresspiegels und die großen Spiegelschwankungen der ostafrikanischen Seen in nächster Nähe des Äquators.

Nun also kurz verschiedene Gedanken, die schon zur Erklärung der großen Vereisungen herangezogen wurden. Am nächsten läge die Annahme, daß die Lage der Pole sich geändert habe. Hiergegen spricht schon der Wechsel von Kalt- und Warmzeiten während des Großen Eiszeitalters. Andere Theorien halten sich an gewandelte Zustände in der Lufthülle der Erde wie sie zu einem veränderten Wärmehaushalt geführt hätten. Es könnte sich der Gehalt der Atmosphäre an Wasserdampf oder Kohlensäure geändert haben. Auch die Einstrahlung von Sonnenwärme auf die Erde könnte durch die, bei großen vulkanischen Ausbrüchen entstehenden Staubwolken behindert gewesen sein. Weltraumnebel, durch welche Erde und Sonnensystem hindurchziehen mußten, könnten die Sonnenstrahlen verschluckt und Dunkelwolken (Wolken kosmischer Materie) den Energietransport in der Sternatmosphäre gestört haben, wie dies P. WOLDSTEDT nach einer Theorie von SHAPLEY und HIMPEL angibt.

Dies sind Theorien, welche das Eiszeitalter im allgemeinen zu erklären versuchen. Für die Vereisung Europas wurden zunächst auch lokale Ursachen ins Feld geführt: So eine Verlagerung des Golfstromes. Aus dem Golf von Mexico kommend, überquert er den Atlantik und zieht heute an den Westküsten Irlands, Schottlands und Norwegens entlang nach Norden, um dabei mit seinen warmen Fluten Nordeuropa als Warmwasserheizung zu dienen. Die jetzt etwa 600 m unter dem Meeresspiegel liegende Nordatlantische Schwelle, die von Schottland über Island nach Grönland verläuft, lag möglicherweise zu Beginn des Eiszeitalters wesentlich höher und hielt alle Zuflüsse warmen Wassers vom Nordmeer ab. Dies erlitt eine bedeutende Abkühlung, was wieder zu einer allgemeinen Temperaturerniedrigung führte. Doch hätte Nordwesteuropa dabei wahrscheinlich an die Vereisung fördernden Niederschlägen eingebüßt.

Solche Erscheinungen mögen mitgewirkt haben, die Nordische Vereisung hervorzurufen oder doch wenigstens zu fördern. Als

Erklärung für das Gesamtphänomen des Großen Eiszeitalters, das sich ja noch an zahlreichen anderen Stellen der Erde und auf anderen Kontinenten in großem Maßstab bemerkbar gemacht hat, kommen sie aber nicht in Frage. Die Schneegrenze hatte sich auf der ganzen Erde abgesenkt, was auf eine allgemeine Temperaturerniedrigung schließen läßt. Die Temperaturen sind abhängig von der Kraft der Sonnenstrahlen, die bis zur Erdoberfläche gelangen.

Es wird immer wahrscheinlicher, daß für das Zustandekommen des Großen Eiszeitalters mehrere Ursachen zusammenwirken mußten. Die *Grundursache* ist aller Wahrscheinlichkeit nach *kosmischer Natur:* Veränderungen im absoluten Wert der von der Sonne ausgesandten Strahlungsenergien. Einwandfreie Beweise für solche Veränderungen gibt es jedoch noch nicht. Hinzu käme das Hervortreten großer Gebirge und Hochländer besonders in hohen Breiten. *Gebirgsbildung* mit Hebung trat vor dem Großen Eiszeitalter ebenso wie vor den älteren Vereisungen in Erscheinung. Die Landoberfläche war dabei in den Bereich tieferer Temperaturen geraten, was eine Absenkung der Schneegrenze zur Folge haben mußte. Und als dritter, die Vereisungen fördernder Umstand kämen die *Folgen gewisser astronomischer Vorgänge,* die im Laufe des Großen Eiszeitalters sich mehrmals wiederholt haben, hinzu. Jene Vorgänge erbrachten Änderungen in der jahreszeitlichen Temperaturverteilung.

Wie wir schon oben sahen, sind *kalte Sommer,* die das Abschmelzen des Eises verhindern und es damit erhalten, wahrscheinlich viel wichtiger als besonders tiefe Wintertemperaturen. Der serbische Mathematiker M. MILANKOVITCH hat für das bedeutende Werk von KÖPPEN-WEGENER „Die Klimate der geologischen Vorzeit" berechnet, welche Schwankung die Menge an Sonnenstrahlung, die der Erde in den Sommern der letzten 600 000 Jahre in den verschiedenen Breiten Nord- und Mitteleuropas zugeführt wurde, eigentlich erlitt. Er ist dabei zu einer doch in mancher Hinsicht mit dem geologischen Befund vergleichbaren Kurve gekommen. Sie zeigt, daß während des Großen Eiszeitalters mehrfach Perioden bedeutender Strahlungsminderung eintraten. Eine Anzahl von langen Perioden von Jahren mit kalten Sommern sind während der letzten 600 000 Jahre zu verzeichnen. Um seine Kurve zu erhalten, mußte sich MILANKOVITCH der

Himmelsmechanik zuwenden und die periodisch auftretenden Veränderungen der Erdbahn und die Schrägstellung der Erdachse,
die sog. Schiefe der Ekliptik berücksichtigen. Denn die Kraft der
Sonnenstrahlung, die die Erde trifft, hängt ab von der Sonnen-
entfernung und dem Winkel, mit dem die Strahlen einfallen.
Die Bahn der Erde um die Sonne ist nicht kreis-, sondern ellipsen-
förmig. Die Sonne steht in einem Brennpunkt der Ellipse. Durch
die Anziehungskraft des großen Planeten Jupiter streckt sich die

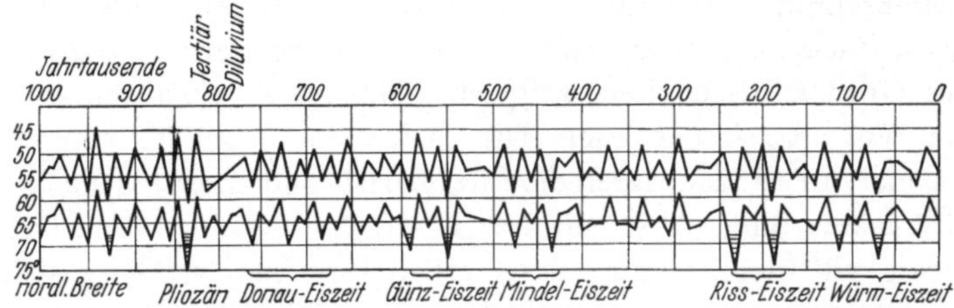


Abb. 77. Sonnenstrahlung des Sommerhalbjahres (bei 55° und 65° nördlicher
Breite seit 1 Mill. Jahren) und Eiszeiten. Nach MILANKOWITCH

Ellipse in einer ca. 90 000jährigen Periode zeitweise noch mehr in
die Länge, und der Unterschied zwischen Sonnenferne und Son-
nennähe, der durch die elliptische Form der Bahn sowieso entsteht, wird noch größer. Die der Erde zukommenden Strahlungs-
mengen müssen sich während der verschiedenen Jahreszeiten erheblich ändern. Auch wenn die Lage der Erdachse zur Erdbahn-
ebene, welche für die Herausbildung der Jahreszeiten verantwortlich ist, schwankt — und das ist in etwa 40 000jährigen Perioden
der Fall —, muß das Einfluß auf das Klima haben. Die im Sommer
erhaltene Strahlungsmenge vermindert sich um so mehr, je steiler
die Erdachse steht. Noch ein dritter Faktor spielt eine Rolle: Der
sog. Umlauf des Frühlingspunktes in einer 21 000jährigen Periode, der ebenfalls ungleiche Bestrahlungsverhältnisse auf der Erde
bewirkt.

Wie sah nun das Ergebnis aus den schwierigen Berechnungen
aus, die MILANKOVITCH durchführte? Andere Forscher hatten
schon Ähnliches versucht. Dabei wurden allerdings wesentlich
andere Berechnungsergebnisse erzielt. Bei solchen Berechnungen
werden die oben genannten astronomischen Abläufe zueinander
in Beziehung gesetzt und ein Gesamtbild gewonnen, das den

periodischen Wechsel in der im Sommer von der Sonne ausge-
strahlten Wärmeenergie für verschiedene Breiten erkennen läßt.
Dies Bild erhält die Form einer Kurve.

Diese wurde dann so umgearbeitet, daß die Lage der Schneegrenze zum Ausdruck kam. Es zeigte sich, daß, während der
letzten 600 000 Jahre, die Nordhalbkugel 9mal jahrtausendelange
Zeiträume mit stark abgesunkener Schneegrenze gehabt hat. Von
diesen 9, durch Ausschläge der Kurve nach unten dargestellten
Zeitabschnitten, sind die älteren 6 immer paarweise angeordnet.
Diese Zackenpaare wurden als Hinweis auf die 3 älteren Eiszeiten
des Großen Eiszeitalters aufgefaßt; die letzten 3 Zacken sollen
die Würmeiszeit darstellen. Die dazwischen liegenden sommer-
wärmeren Perioden wären die Interglazial- und Interstadialzeiten.
Gilt dieses Bild, so ist neu die „Doppelzackigkeit" oder „Drei-
zackigkeit" der Eiszeiten des Großen Eiszeitalters. Die aus der
Kurve heraus vorstoßenden Zacken wurden als sich wiederholende
Eisvorstöße während einer jeden Eiszeit angesehen. Darauf
baut sich die sog. Vollgliederung des Großen Eiszeitalters auf,
für die mehrere deutsche Forscher auch im Gelände — in den
Terrassen der Flüsse — Parallelerscheinungen fanden. Auf diese
noch weiter gehenden Untersuchungen einzugehen, fehlt aber
hier der Platz. Es handelt sich dabei um eine alle einzelnen Eisvorstöße jeder Eiszeit erfassende Gliederung.

Die Veröffentlichung der *Milankovitch-Kurve* brachte naturgemäß
eine sehr ausgiebige Diskussion unter den Fachleuten in aller
Welt. Die Mehrzahl, besonders im Ausland, lehnt jedoch die Kurve
ab, wenn die von ihr dargelegten Erscheinungen als Ursache für
das Große Eiszeitalter herangezogen werden sollen.

So bestechend die Sonnenstrahlungskurve in mancher Hinsicht
auch ist, so darf man doch die Gegengründe gegen ihre Gültig-
keit nicht aus dem Auge lassen. Vor allem würde sie nicht die
Annahme gleichzeitiger Vereisungen auf der Nord- und Südhalbkugel erlauben. Durch viele andere Beobachtungen ist diese Gleich-
zeitigkeit aber mehr und mehr gesichert. Die Vergletscherungsspuren in den Tropengebirgen passen auch nicht recht ins Bild.
Auch die Bedeutung der Doppelzacken für die 3 älteren Vereisungen und die 3 Zacken der Würmeiszeit sind stark umstritten,
ebenso die Einordnung der einzelnen Eisvorstöße in die Kurve.

Vor allem fehlt es meistens auch an geologischen Beweisen für die aus der Kurve herauslesbaren Interstadialzeiten zwischen den Eisvorstößen. Die in allerletzter Zeit gewonnenen C$^{14}$-Daten für die letzten 50000 Jahre stimmen nicht mit ihr überein.

Kurz, der Probleme bleiben die Menge, und es wird wichtig sein, daß die Wissenschaft weiter unvoreingenommen die Tatsachen im Gelände prüft und nicht, voreingenommen durch die Kurve, diese in die Geländeverhältnisse hineinsieht.

Berücksichtigt man noch die Selbstverstärkung der Vereisungen durch Reflexion der wärmebringenden Sonnenstrahlung an den gewaltigen weißen Schnee- und Eisflächen, dann läßt sich in diesem Rahmen so viel und nicht viel mehr zur Frage nach den Ursachen der Vereisungen sagen. Würde die *Sonnenstrahlungskurve als Zeittabelle* angenommen, dann begann die Würmeiszeit vor etwa 120000 Jahren. Die Rißeiszeit wäre ca. 235000 Jahre, die Mindeleiszeit ca. 480000 Jahre und die Günzeiszeit ca. 595000 Jahre zurückzuverlegen. Die von A. PENCK geschätzte Dauer der Interglazialzeiten würde dem Größenmaßstab nach ungefähr mit der Strahlungskurve übereinstimmen; man kann annehmen, daß jede Eiszeit Jahrzehntausende gedauert hat. Es ist auch nicht ausgeschlossen, eher wahrscheinlich, daß wir uns jetzt noch im ausklingenden Großen Eiszeitalter befinden. Die vergangenen Jahrzehnte stellten unzweifelhaft eine Klimaphase dar, in der die Gletscher noch weiter erheblich abgeschmolzen sind. Sollen wir uns wünschen, daß sie vollends abschmelzen? Wir wissen aus der erdgeschichtlichen Vergangenheit, daß das zu einem beträchtlichen Ansteigen des Meeresspiegels führen würde. Unter anderem käme Norddeutschland unter Wasser. M. SCHWARZBACH beleuchtet die Situation auf eindrucksvolle Weise, wenn er sagt, man solle sich dann Köln auf dem Grunde des Wattenmeeres vorstellen.

Aber auch das Gegenteil ist denkbar: Daß wir in einer Interglazialzeit leben und daß die Erde — wenn auch nach vielen Jahrtausenden erst — wieder Vereisungen erleidet. Doch liegt das in so ferner Zukunft, daß wir uns um die Geschicke des Menschengeschlechtes noch nicht zu sorgen brauchen. Ein amerikanischer Astrophysiker prophezeit, daß ungefähr im Jahre 50000 n. Chr. eine Eisdecke von Norden herabkriechen und die Städte Canadas und Nordamerikas auslöschen werde. Auch London, Stockholm und Leningrad würden den Eisdecken zum Opfer fallen, die dann von den skandinavischen Gebirgen wieder herunterkämen.

Zeitliche Einordnung der ersten Menschenformen nach ihren Kulturen. Nach K. SALLER 1956. Vereinfacht und etwas ergänzt

| Geologische Gegenwart | | Mittlere und Jüngere Steinzeit und verschiedene Metallsteinzeiten | |
|---|---|---|---|
| Würm-Eiszeit | Spätglazial | Hirsch, Ren | Magdalénien |
| | Hochglazial | Mammut, Wollhaar-Rhinozeros, Höhlenbär | Solutréen, Aurignacien, „Löß- u. Cro-Magnon-Mensch |
| | Frühglazial | Höhlenlöwe Höhlenhyäne usw. | Moustérien Neandertaler |
| Riss-Würm-Interglazial | Warmzeit | Altelefant, Merck-sches Rhinozeros | Moustérien Neandertaler |
| Risseiszeit | Kaltzeit | Ren, Mammut | Acheuléen |
| Mindel-Riss „Großes Interglazial" | Warmzeit | Alt-Elef., Etrusk. Rhinozeros, Säbelzahntiger | Chelléen |
| Mindeleiszeit | Kaltzeit | Elefantenarten | |
| Günz-Mindel Interglazial | Warmzeit | Südelefant, Etrusk. Rhinozeros | Homo Heidelbergensis Pithecanthropus |
| Günzeiszeit | Kaltzeit | | |

134

Die Abschnitte der Erd- und Lebensgeschichte und ihre wahrscheinliche
Zeitdauer

| Zeitalter | Formation | Alter vor der Gegenwart |
|---|---|---|
| Erd-Neuzeit | Quartär | ca. 1 Mill. Jahre |
|  | Tertiär | ca. 60 Mill. Jahre |
| Erd-Mittelalter | Kreide | ca. 110—120 Mill. Jahre |
|  | Jura | ca. 160 Mill. Jahre |
|  | Trias | ca. 200 Mill. Jahre |
| Erd-Altertum | Perm | ca. 230 Mill. Jahre |
|  | Karbon | ca. 300 Mill. Jahre |
|  | Devon | ca. 360 Mill. Jahre |
|  | Silur | ca. 490 Mill. Jahre |
|  | Kambrium | ca. 560 Mill. Jahre |
| Frühperiode des Lebens | Präkambrium | ca. 2000 Mill. Jahre |
| Urgeschichte der Erde | Archaikum | ca. 3000 Mill. Jahre oder mehr |

# Literatur


DRYGALSKI, E. V., u. F. MACHATSCHEK: Gletscherkunde. 1942.

FIRBAS, F.: Spät- und nacheiszeitliche Waldgeschichte Mitteleuropas nördlich der Alpen. 1944—1953.

FLINT, R. F.: Glacial Geology and the Pleistocene Epoch. 1947.

GRAHMANN, R.: Die Urgeschichte der Menschheit. 1952.

KLEBELSBERG, R. V.: Handbuch der Gletscherkunde und Glazialgeologie. 1948.

KOENIGSWALD, H. H. R. v.: Begegnungen mit dem Vormenschen. 1955.

PENCK, A., u. E. BRÜCKNER: Die Alpen im Eiszeitalter. 1909.

SALLER, K. (MARTIN, R.): Lehrbuch der Anthropologie in systematischer Darstellung. 1956.

SCHWARZBACH, M.: Das Klima der Vorzeit. 1950.

SÖRGEL, W.: Das diluviale System. 1939.

WOLDSTEDT, P.: Das Eiszeitalter. 1929. 2. Aufl. Bd. 1, 1954.

— Geologisch-morphologische Übersichtskarte des Norddeutschen Vereisungsgebietes 1 : 1 500 000. 1935.

— Norddeutschland und angrenzende Gebiete im Eiszeitalter. 2. Aufl. 1955.

WRIGHT, W. B.: The Quaternary Ice Age. 1931.

# Sachverzeichnis